普通高等教育环境工程教材

环境监测实验教程

主 编／吉芳英 高俊敏 何 强

U0379472

重庆大学出版社

内容提要

本书是环境工程及相关专业所开设的环境监测课程的配套教材。本书积累了编者丰富的实验教学经验，共7章：第1章为绪论，介绍了环境监测实验的教学体系及考核方式；第2章为环境监测实验室基础，介绍了环境监测实验过程中常用的玻璃仪器及量器、实验用水的制备、称量仪器的使用等；第3章介绍了环境监测实验的基本操作，如溶解、过滤、蒸馏等；第4章介绍了环境监测实验数据处理的基本知识；第5,6,7章则根据环境监测实验的教学体系，分别列举了部分验证性实验、设计性实验和综合性实验等。教师可根据专业特点，有重点地选择部分实验进行教学。

图书在版编目（CIP）数据

环境监测实验教程/ 吉芳英,高俊敏,何强编著.
—重庆:重庆大学出版社,2015.11
普通高等教育环境工程教材
ISBN 978-7-5624-9422-5

Ⅰ.①环…　Ⅱ.①吉…②高…③何…　Ⅲ.①环境监测—实验—高等学校—教材　Ⅳ.①X83-33

中国版本图书馆 CIP 数据核字(2015)第 199686 号

普通高等教育环境工程教材
环境监测实验教程
主编　吉芳英　高俊敏　何　强
策划编辑　林青山

责任编辑:文　鹏　姜　凤　　版式设计:张　婷
责任校对:秦巴达　　　　　　　责任印制:赵　晟

*

重庆大学出版社出版发行
出版人:邓晓益
社址:重庆市沙坪坝区大学城西路 21 号
邮编:401331
电话:(023) 88617190　88617185(中小学)
传真:(023) 88617186　88617166
网址:http://www.cqup.com.cn
邮箱:fxk@ cqup.com.cn(营销中心)
全国新华书店经销
重庆华林天美印务有限公司印刷

*

开本:787×1092　1/16　印张:11　字数:268千
2015 年 11 月第 1 版　2015 年 11 月第 1 次印刷
印数:1—1 500
ISBN 978-7-5624-9422-5　定价:24.00元

前　言

　　环境监测是环境类专业重要的专业基础课程，是后续专业课程的基础性支撑平台之一，同时也是一门技术性很强的课程。作为一门应用性和实践性教学课程，环境监测实验是环境监测教学体系中相当重要的组成部分，它不仅能加深学生对理论知识的理解和掌握，同时对培养学生理论与实际相结合的操作技能，分析问题和解决问题的能力，以及实事求是、精益求精的科学态度等都有着重要的作用。

　　为了满足社会对环境类专业人才的最新要求，我们在总结多年教学经验和参考其他优秀实验教材的基础上，根据全国高校环境科学和环境工程专业教学大纲中实践教学的基本要求，编写了这本环境监测实验教材。该书编写的主要宗旨是：既要考虑对学生基本技能的训练，又要考虑对学生创新能力的培养；既要适合广大环境类专业本科生和研究生使用，也可供环境监测实验教学指导教师参考；反映最新环境监测技术的发展和国家标准分析方法的更新。

　　根据以上宗旨，本书内容共分7章：第1章为绪论，介绍了环境监测实验的教学体系及考核方式；第2章为环境监测实验室基础，介绍了环境监测实验过程中常用玻璃仪器及量器、实验用水的制备、称量仪器的使用等；第3章介绍了环境监测实验的基本操作，如溶解、过滤、蒸馏等；第4章介绍了环境监测实验数据处理的基本知识；第5,6,7章则根据环境监测实验的教学体系，分别列举了部分验证性实验、设计性实验和综合性实验。教师可根据专业特点，有重点地选择部分实验进行教学。

　　本书具有以下特点：①每个验证性实验都增加了前言，在学生做实验之前，向学生介绍该实验的意义、应用方向和价值，以及做实验前应了解的相关知识等，从而调动了学生的学习积极性，促使学生主动查找文献并研究该实验内容，提高了实验教学质量。②把新方法、新技术、国家新标准和新规范引入实验教学中，进一步丰富和完善了教学内容。③既有传统的验证性实验，又有设计性实验和综合性实验等，在培养学生基本实验技能的同时，培养学生主动学习、探索并灵活应用知识解决实际问题的能力，培养严谨的科学态度及团队合作精神。同时增加了对设计性实验和综合性实验教学方式的探讨，可供教师在指导实验教学过程中参考。④除介绍相关实验内容外，还介绍了相应的实验基本操作技术、数据处理方法等，以便学生在预习中查阅，从而使本书具有部分工具书的功能。

　　本书主要由吉芳英、高俊敏、何强等课程组成员共同编写完成，吉芳英教授对全书进行了统稿、审核和定稿。本书的出版得到了教育部"十二五"实验示范中心建设项目基金的资助，在编写过程中，重庆大学城市建设与环境工程学院的广大教师和研究生（如张树青、罗祥、孙秀前、朱孔睿）也为我们提供了帮助和支持，在此表示衷心的感谢。另外，也感谢所有本书的参考文献的编著者们，他们前面的辛勤劳动，使我们学习到很多宝贵的经验。

　　由于本书的涉及面广，编著的水平有限，书中的错误和疏漏在所难免，敬请各位专家和读者指正。

编　者

2015 年 6 月

目　录

1

绪　论

1.1　环境监测实验教程的编写目的

　　我国《高等教育法》规定:"高等教育的任务是培养具有创新精神和实践能力的高级专门人才"。随着我国经济体制从计划经济向市场经济转变,社会就业单位对本科生的创新精神和解决实际问题的能力提出了更高的要求。为了适应社会发展的需要,教育部高等学校环境科学与工程专业教学指导委员会制订了环境类专业本科培养方案和教学基本要求,鼓励各高校根据市场经济需求并结合各自特点,编制具体的教学计划,并强调加强基础教学,加强实践环节,努力提高环境类专业学生的创新精神和实践能力。实验教学是知识与能力、理论与实践相结合的关键,是训练技能、培养创新意识的重要手段,是培养高素质应用型人才的重要途径,在高等教学体系中占有十分重要的地位。

　　"环境监测实验"是环境科学,环境工程,资源与环境,草业、农业资源与利用等专业的一个非常重要的教学实践环节,其任务是使学生进一步掌握环境监测原理、技术及常见环境污染物的测定,学习环境监测的基本技能,包括优化布点、样品采集、样品运输和保存、前处理、分析测试、数据处理等,宗旨是培养学生理论与实际相结合的操作技能,实事求是、精益求精的科学态度,以及分析问题和解决问题的实践能力。其实用性强,涉及的知识面宽,如化学分析、仪器分析、物理测试和生物测试等,操作要求严格,实验现象复杂多变,实验数据处理量大,对数据精密度、准确度要求高,同时影响实验成败的因素较多:如环境条件的变化、仪器的精密度和稳定性、试剂的纯度和处理方法、操作者的基本技能和对实验相关知识的掌握情况等,因此在培养学生基本实验技能,分析、解决问题的能力,正确的思维方式及严谨的研究作风等方面起着不可替代的作用。

　　环境监测是一门应用技术,随着科学技术的进步,其变化、发展特别快,因此,环境监测实验教学大纲、教材、实验课程的内容和实验手段也要与时俱进,才能保证实验教学的先进性。环境监测实验教学只有不断进行改革,加强学生分析问题、解决问题能力的培养,加强学生设计能力、创新能力的培养才能适应社会发展的需要,才能达到高素质应用型人才培养的目的,实现人才培养的目标。为此,根据国家教委实施面向 21 世纪高等本科教育实践教学体系改革的研究与实践,为满足环境工程、环境科学等专业对环境监测技术的要求,编者结合在环境监测领域多年的教学经验,认真吸取相关院校的办学经验和参考相关书籍,编写了本环境监测实验教程一书。

1.2 环境监测实验教学体系

环境监测实验要求学生具有较强的动手能力和综合实验能力,能够灵活应用相关知识解决环境监测中的实际问题。传统的实验主要以验证性实验为主,虽然在实验中培养了学生较为扎实的基础知识及基本操作技巧,但对主动学习、探索以及灵活应用知识的能力,解决实际问题的能力及团队合作精神、创新能力的培养等都非常匮乏。因为,验证性实验大部分待测样品都是实验室配制的,学生得不到布点、采样、样品预处理等环节的锻炼,容易造成与实际监测工作脱节。此外,验证性实验多为对应各章节的单项实验,完成各章节要求的理论知识的验证。单项实验之间,仪器、设备互相独立,没有任何联系或联系较少,实验又以单独方式去做,割断了各项实验之间本来存在的有机联系。

为了有针对性地制订适合社会发展需要的环境工程卓越工程师培养目标,切实加强实验教学环节的改革和建设,培养出具有很强工程岗位适应能力的卓越环境工程师,满足 21 世纪对人才的要求,在经过一定量的基本实验训练之后,开设设计性实验和综合性实验是很有必要的。设计性实验和综合性实验是提高学生综合、创新、创造能力的重要途径,能充分发挥学生分析解决问题的综合应用能力,培养学生创新和设计能力以及团队合作精神,达到高素质应用型人才培养的目标。因此,环境监测实验教学体系应包括验证性试验、设计性实验和综合性实验,学生除了掌握基本的操作技能外,还应掌握现场调查、优化布点、样品采集、样品运输和保存、预处理、分析测试和综合评价等一系列监测环节,培养重点由接受知识转到培养综合能力。

1.2.1 验证性实验

验证性实验包含了环境监测中常用的一些测试分析方法,如重量法、滴定法、分光光度法等,目的在于规范学生的基本操作,熟悉实验仪器的使用,养成良好的操作习惯。学生除了掌握常规仪器的使用方法,按实验步骤完成实验、数据处理、提交实验报告外,还需对实验过程中可能引起的误差进行分析,使学生在思考中巩固实验操作技能,培养严谨的科学作风。考虑到学生在做环境监测实验前已具备了无机及分析化学的基本实验技能,结合课程特点,环境监测验证性实验可以直接选择有代表性的监测项目,如废水中化学需氧量、氨氮、挥发酚等的测定,空气中可吸入颗粒物、二氧化硫和氮氧化物的测定,固体废物中金属 Cd 的测定以及环境噪声监测等。环境监测验证性实验所选方法可全部采用目前环境监测中常规监测项目的国家最新标准方法,以使实验内容标准化。通过验证性实验可以训练学生样品前处理、滴定、电子天平、分光光度计、气相色谱仪等的基本操作,掌握操作规范、数据处理等内容,同时也可以使学生掌握常规监测项目的最新国家标准方法。

1.2.2 设计性实验

设计性实验是介于验证性实验与综合实验之间具有模拟科研实验性质的实验,是一种以学生为主导,结合基础课程和专业课程进行的独立解决问题的训练。通过验证性基本实验的训练,学生在初步掌握环境监测实验的常识和最常用的基本操作技能,初步具备了分析问题和解决问题的能力后,适当安排一些设计性实验可以活跃实验教学的气氛、开拓学生的思路、培养学生的自主创新意识和团队合作精神。设计性实验在一定程度上克服了传统验证性实验的弊端,对培养学生的实践能力、知识综合运用能力和创新意识具有重要作用。

1)设计性实验的特点

设计性实验一般具有以下基本特点:

(1)实验技能的综合性

设计性实验是在完成了基础实验课程的教学、在学生已经具备了一定的理论知识和基本的实验技能的基础上进行的,实验的题目具有综合性,要求学生综合应用所学理论知识和实验技能才能完成实验的全过程,有利于培养学生综合应用所学知识解决实际问题的能力。

(2)实验操作的独立性

设计性实验只给任务书,不给实验指导书,要求学生自行查阅和收集资料、设计实验方案并开展实验。在实验过程中,学生自始至终是活动的主体,体现了以学生为中心的教育思想,有利于充分发挥学生的主观能动性和独创性。

(3)实验过程的研究性

设计性实验是一种具有对科学实验全过程进行初步训练特点的教学实践,实验的进行可能有多种方法,给学生提供了较宽阔的思考空间和选择余地,可以发挥各自的思维与想象力,使学生的创新意识和能力受到启发与锻炼。

2)设计性实验题目的设计

设计性实验在实验内容上要突出实践性和实用性。设计性实验课题可根据自己单位及当地的实际情况,选择教师科研项目中的一部分,也可由教师自拟,由验证性实验转变而成。例如,将"纳氏试剂比色法测定水样氨氮"和"亚硝酸盐氮的荧光光度法测定"等验证性实验综合成设计性实验"环境水样的全氮分析",由学生自行设计水中氨氮、亚硝酸盐氮、硝酸盐氮、有机氮、总氮等的测定方法,并由测定结果评价水体自净情况,培养学生设计实验及优化分析方案的能力和解决实际环境问题的能力。本科阶段的设计实验课题不宜过于复杂,除了考虑教学课时以外,还要考虑实验室的具体条件并努力避开高压、剧毒和高度易燃易爆等不安全因素。在设计性实验的选择中,注意从以下几个方面的考虑:

①设计性实验的选题要具有一定的探索性和挑战性,进一步为学生提供思考的时间和创造的空间,使他们由被动学习变成主动学习,同时能提高学生的实验能力和科学素质;

②应选择实验内容较为先进,难度适中,具有一定综合性的实验题目作为设计性实验;

③选择的设计性实验需要在团队合作下完成,能体现学生的团队合作精神;

④设计性实验最好与实际应用相结合,实验结果具有一定的实用性;

⑤实验方法具有一定的普遍性,有利于学生更好地解决类似的问题。

3)设计性实验的授课方式

在设计性实验教学中,传统的讲授、示范加实验的方法显然不再适用,教学方法应由对已知知识的传授变为引导学生探索未知。教师在编写设计性实验指导书时应注意简洁明了,提纲挈领。每项实验仅提出实验目的、实验内容和要求,可以在指导书中提供一些课外阅读参考书籍的目录,让学生自己通过查阅资料等形式设计实验方案,完成实验,同时也可以丰富学生背景知识,拓宽知识面。与验证性实验不同,设计性实验的课堂指导,教师对实验原理、仪器使用、数据和误差分析处理等基本不讲,花几分钟时间只讲几条注意事项。比如,实验的目的和要求、报告书写的格式和要求等。指导的重点放在实验进行过程中。

设计性实验教学程序可以按照以下方式进行:

(1)布置实验作业

在进行实验的前两周,教师向学生讲解设计性实验的实际意义和对今后工作的作用,让学生对设计性实验真正产生兴趣。同时对学生进行分组,布置实验题目,要求搜集相关资料和针对实验题目设计实验方案。教师可提出设计实验的步骤让学生参考,参考步骤为:

①读懂题目,弄懂要做什么;

②查阅资料,实地考察;

③设计实验方案,包括确定采样方法、采样器材、采样时间和频率,布设采样点,确定样品运输和保存方法、样品前处理方法、样品测定方法等;

④方案评价,逐个评价或集体评价;

⑤实验操作;

⑥撰写实验报告。

(2)设计实验方案

学生根据实验题目的具体要求,在查阅资料和实地调查研究的基础上,应用所学知识拟订和完善实验方案,包括布点、采样、样品前处理、标准溶液的配制和标定、样品预蒸馏、测定和结果的评价标准等。

(3)论证实验方案

初步拟订实验方案后要论证其可行性,分析实验中可能出现的各种问题。教师可以组织课堂讨论,每组选一个代表,阐述本组设计方案,并说明采用方案的理由,全班同学进行讨论,提出自己的看法。教师对学生实验方案进行审定,教师的审定是设计性实验教学中的一个重要环节,教师从研究方案的可行性、设计思想、实验方法、实验手段等方面入手,培养学生的想象能力和创造性思维能力。通过课堂讨论,使学生明确思路,写出最后的实验方案。

(4)学生实验

学生按照自己设定的实验方案进行实验。每组同学内部分工合作,组长负责安排和协调本组每位同学的工作,保证整个实验的顺利进行。只有每位同学在实验过程中都认真完成自己负责的那部分工作,同时密切配合同组其他同学的工作,严格按照操作规范和质量控制措施进行实验,才能保证本组实验的顺利完成,这在某种程度上增强了学生的团队合作精神。在教学过程中,教师根据学生实验情况进行具体指导。为了训练学生树立科学的实验作风,学生在实验前对自己实验中所需药剂列出清单,实验室工作人员在实验前为学生准备好实验所需的药品和器皿。实验期间所用试剂均由学生自己配制、自行设计实验记录表格,记录实验结果,并要求详细记录实验现象,及时对实验中出现的问题进行分析,并及时和教师沟通,不允许修改实验数据。

(5)数据处理

每组学生对本组获得的实验结果进行处理,运用统计学知识分析方案的可行性。实验结果要求学生运用计算机完成数据表格和图表的绘制,实验完成后学生需提交科技论文格式的实验报告。

1.2.3 综合性实验

和设计性实验一样,综合性实验也是建立在验证性实验的基础之上,是运用相关知识或实验方法、实验手段对学生的理论学习、实验技能与思维方式进行全面训练的一种复合性实验,是实验内容、方法与运行模式的最大优化。它一般是由指导教师提出问题,由学生在充分理解基本原理的基础上,通过综合运用课堂上学过的有关知识,包括已开设的实验和一些还没有开设的实验,自己设计出实验方案并加以实施,最终独立地完成一项或几项综合性实验任务,撰写实验报告或实验论文。其特点在于实验内容的综合性、实验手段与方法的多样性,目的在于锻炼学生对知识综合应用的能力,培养学生科学思维的能力,分析和解决复杂问题的实践能力。综合性实验涉及的知识面宽,综合程度大。对这类实验,教师的职责更多的是指出实验的思想和解决问题的方法,给学生更多的自主性,增强实验动手能力和接受新技术的科学素养,培养学生综合运用多学科的理论知识,全面分析问题和解决问题的能力以及团队合作精神。

1)综合性实验题目的设计

与验证性和设计性实验相比,综合性实验把同一章节或多个章节的几个实验组合在一起,同时可能融合其他课程的内容,涉及多个知识点,加强了实验与理论联系的系统性以及各课程之间的相互联系。对于综合性实验,要着重突出综合的特点。教师可以选择当地的环境问题作为研究对象,或将环境监测站的实际生产工作内容引入实验教学,把环境监测实验教学与实际环境监测及环境质量评价等结合起来开设综合性实验,并且注意实验与理论联系的系统性。例如,空气中气态污染物质和颗粒物的测定分别在空气和废气监测中的第四节和第五节讲述,对应的验证性的实验有环境空气中总悬浮颗粒物(TSP)的测定、环境空气中可吸入悬浮颗粒物(PM_{10})的测定、环境空气中二氧化硫(SO_2)的测定和环境空气中二氧化氮(NO_2)的测定等,可将这几个验证性的实验与环境评价课程相结合设计成综合设计性实验"大学校园空气环境质量监测与评价"。该综合设计实验要求学生自己设计实验方案,选择适宜方法进行布点,确定采样频率及采样时间,测定空气中二氧化硫、氮氧化物、TSP 和 PM_{10} 等指标,并根据这些污染物的监测结果,计算空气质量指数(AQI),描述空气质量状况,对校园空气环境质量现状进行评价。又如,水和废水监测中物理指标 pH、色度、浊度、电导率、固体悬浮物及化学指标溶解氧、化学需氧量、氨氮、生化需氧量等在环境监测书里是在不同的章节里讲述的,这些指标分别对应不同的验证性实验,可将这几个验证性实验与水污染控制课程相结合设计成综合设计性实验"校园生活污水水质监测与污水处理方案的选择",要求学生自己设计监测方案,对校园生活污水进行采样、预处理和监测,其监测内容可包括 pH、色度、浊度、固体悬浮物、溶解氧、化学需氧量、氨氮、生化需氧量等,最后根据水质监测结果选择合适的污水处理方案。这类综合设计性实验在原有实验内容不变的基础上,只是做了恰当的组合,使实验更接近工程实际,并且实验数据紧密相关,更接近实际环境质量评价的实际过程,能使学生把不同章节甚至不同课程的内容融会贯通,加深学生对所学理论知识系统性的理解。

2) 综合性实验对学生的要求

与验证性实验相比,设计性和综合性实验的训练内容与层次更高,综合性与探索性更强,难度也更大一些,因此对学生的要求也更高。

(1)学生应掌握必要的实验技能

综合性实验涉及的理论知识较多,为了综合性实验的顺利进行,学生必须通过预先学习来掌握一些基本的实验技能,熟悉常用仪器的使用。这样就激发了学生学习的主动性,起到了一定的促进作用。

(2)学生应具备一定的思维能力

思维是实验方案设计的核心,对于要解决的问题,根据不同的实验条件,可以设计出不同的方案;即使在相同条件下,也可以进行不同的设计。这都促使设计者积极地思考以确定实验方案。

(3)学生应具有敢于创新的意识

创造性是综合性实验方案设计的灵魂,学生要在符合科学规律的前提下有执着的探究精神。只有这样才能设计出解决问题的途径和方法。

(4)学生应具有强烈的责任心和团队合作精神

综合性实验的测试指标较多,涉及很多实验环节,实验难度较大,单靠一个学生很难在规定的时间内完成。这就要求同组学生分工合作,共同完成实验任务。任何一个学生在某个实验环节的疏忽都可能导致整个实验失败,因此,每个学生应具有强烈的责任心和集体荣誉感,听从组长安排,认真完成自己负责的那部分工作,同时密切配合同组其他同学的工作。

3) 授课方式

综合性实验包括从查阅资料,制订实验方案,采样布点、样品采集、样品运输与保存、实验试剂药品的准备、样品预处理、样品的测定、数据处理和质量保证的全部过程。在做验证性实验时学生是两人一组,而综合性实验由于涉及内容多,分析项目多,每组人数一般可分为 4~5人,大家分工合作。指导老师应提前下达实验任务,明确实验目的和要求,学生根据下达的实验任务,以小组为单位,独立完成从查阅资料,制订监测方案,确定采样点位置和数量,采样,测试分析,处理数据,到最终形成报告的整个过程。综合性实验过程中,指导老师不再像验证性实验一样详细讲解实验目的、原理、方法步骤,而是主要介绍实验的背景、原理,以及解决问题常用的方法和手段,学生根据给定的任务查阅资料,自行设计实验方案,如每个组的监测对象不同,采集地点不同(要求画出采样点分布图),选择的分析测试项目也可能不同。方案出来后首先要由指导老师审核,审核方案的科学性,对方案中不恰当处给予提示,并确定选择的分析测试项目,鼓励设计方案在符合科学的前提下具有鲜明的个性和创新之处。方案确定后,学生需要准备实验仪器和药品,进行采样,测试分析,处理数据,书写实验报告,总结实验结果。这样实验的主体转变成学生,整个实验过程由学生独立设计和操作,每个学生都参与其中,指导老师的角色主要是指导者和评判者。这样既提高了学生学习的积极性、自主性,又可培养学生的团队合作精神。

此外,开放性是综合性实验教学的重要训练单元。综合性实验要求时间较长或者由于实验难度较大在一个单位时间内无法完成,学生可以统一在开放时间内和教师或教辅人员联系进行实验,实验指导老师随时进行辅导。综合性实验使学生不仅可以灵活掌握各个实验的方法,也巩固了以前所学到的基本实验操作技术,更重要的是提高了学生的主动性、自觉性和设计创新能力,把所学的基本操作技术系统地贯穿起来用于实际工作中。它要求学生能综合应用所学知识及多种实验技能,解决有一定难度的实际问题。这样学生就能够有机会充分发挥自己的创造性,锻炼自己解决实际问题的能力,这对他们今后工作和学习将是非常有益的。总之,综合性实验是提高学生综合、创新、创造能力和培养团队合作精神的重要途径。

1.3　环境监测实验考核方法

环境监测实验目的是使学生学习和掌握环境监测实验的基本操作技能、各种常用环境监测仪器的操作方法,深化对环境监测基本概念和理论的理解,同时通过设计性和综合性实验使学生熟悉监测的全过程,培养学生实际操作、观察分析、查阅文献、书面表达以及团结协作等能力,尤其是培养良好的科学素养、实事求是的科学态度和创新意识,提高学生综合素质。学完本课程后要求学生对环境监测中遇到的问题应有独立分析与解决的能力,针对实验中涉及的项目应能熟练操作,掌握质量控制的方法、实验的关键环节、干扰消除方法,能正确地进行数据处理。环境监测实验考核除了要体现对实验原理、基本操作技能等的考查外,更重要的是要考查学生在实验方案设计、实验操作等方面的实际能力,以及把握实验过程注意事项和对现象结果分析等环节上的综合能力,因此,必须全面客观地对学生的实验成绩进行评价。实验考评的目的是为了促进学生学习,调动学生学习的积极性。为了达到目的,必须对学生实验成绩进行公平公正评价,建立完善的考评制度。我们可以依据学生平时实验出勤率、实验方案正确性(设计性和综合性实验)、实验操作过程、实验结果的合理性、报告的撰写等进行多元化综合评定。为了激发学生的实验兴趣,提高实验能力,对不同性质的实验课程采用不同的实验考核方法,具体如下:

1)验证性试验

实验完成后可以组织学生进行实验基本操作考核,最后学生的实验成绩按平时的实验态度、实验完成情况、实验报告以及实际操作考核4个方面记录,期末作为课程成绩的依据。

2)设计性、综合性实验

每次实验都按实验态度、实验方案的制订、实验完成情况和实验报告4个方面记录每个学生的实验成绩,期末作为课程成绩的依据,原则上不再单独进行考试。实验态度是指学生的出勤情况、规章制度的执行情况、实验过程的独立性和自主性以及能否按要求完成各个实验环节的工作;方案的制订情况主要记录学生应用原理的正确性、合理性、全面性、独特性以及创新性;实验完成情况主要记录学生对实验过程的熟悉程度、实验仪器使用的熟练程度、实验数据的准确度、实验问题的解决能力以及根据实验方案完成实验的质量和效果;实验报告主要记录报告撰写是否规范,数据处理是否正确,对实验结果的分析和评价是否合理等。此外,还可通过在学生实验报告书中增设"实验体会和建议",要求每位学生必须注明独立完成的工作内容以及创新性贡献。对认真参与每个实验环节且有创见性、责任心和团队合作能力均较强的学生,成绩评定从优。

2

环境监测实验室基础

2.1　环境监测实验常用玻璃仪器及量器

2.1.1　玻璃材质分类及性能

玻璃可分为软质玻璃、硬质玻璃、高硅氧玻璃。

（1）软质玻璃

软质玻璃（又称普通玻璃）有两种：一种是钙钠玻璃，它的主要成分是二氧化硅、氧化钙、氧化钠等；另一种是钾玻璃，它的主要成分是二氧化硅、氧化钙、氧化钾、氧化铝、氧化硼等。软质玻璃有一定的化学稳定性、热稳定性和机械强度，透明性好，易于灯焰加工，但热膨胀系数较大，易炸裂破碎，因此多制成不需加热的仪器，如试剂瓶、漏斗、干燥器、量筒、玻璃管等。

（2）硬质玻璃

硬质玻璃的主要成分是二氧化硅、碳酸钾、碳酸钠、碳酸镁、四硼酸钠、氧化锌、氧化铝等，也称硼硅玻璃。硬质玻璃的耐温、耐腐蚀、耐电压及抗击性能好，膨胀系数小。可用来制造加热的玻璃仪器，如烧杯、烧瓶、试管、蒸馏仪器等。

（3）高硅氧玻璃

高硅氧玻璃是由二氧化硅、硼酸和碱性氧化物（如氧化钠、氧化钾等）结合而形成的具有网状结构的一种玻璃。它的熔点高，比石英的熔点仅低 100 ℃左右，有时可替代熔融的石英制品。

2.1.2　常见玻璃仪器

1）环境监测实验常用玻璃仪器的名称、用途及注意事项

表 2.1 中介绍了环境监测实验中最常用的玻璃仪器。在这些玻璃仪器中，有些是磨口仪

器。标准的磨口仪器具有标准的内磨口和外磨口,使用时可根据实验的需求选择合适的容量和合适的口径。相同编号的磨口仪器,它们的口径是统一的,连接是紧密的,相互之间可以互换,因此,用少量的仪器可以组装多种不同的实验装置。非标准的磨口仪器,在使用时是不可以互换的。仪器使用前应首先将内外磨口擦洗干净,再涂少许凡士林,然后口与口相转动,使口与口之间形成一层薄薄的油层,再固定好,以提高严密度和防粘连。

表2.1 环境监测实验中常用玻璃仪器用途及注意事项

仪器名称	用途及注意事项
烧杯、锥形瓶	加热时烧杯应置于石棉网上,使受热均匀,所盛反应液体一般不能超过烧杯容积的2/3
量筒	不能量取热的液体,不能加热,不可用作反应容器
移液管、吸量管	管口上无"吹出"字样者,使用时末端的溶液不允许吹出,不能加热
酸式、碱式滴定管	量取溶液时,应先排除滴定管尖端部分的气泡,不能加热以及量取热的液体;酸、碱滴定管不能互换使用
漏斗	不能加热,不能量热的液体,瓶与磨口瓶塞配套使用,不能互换
抽滤瓶	不能用火加热,过滤用
蒸发皿	能耐高温,不能骤冷,蒸发溶液时一般放在石棉网上,也可直接用火加热
坩埚	依试样性质选用不同材料的坩埚,瓷坩埚加热后不能骤冷
干燥器	不得放入过热物体,温度较高的物体放入后,在短时间内应把干燥器开一两次,以免器内造成负压
称量瓶	精确称量试样和基准物,质量小,可直接在天平上称量,称量瓶盖要密合
研钵	视固体性质选用不同材质的研钵,不能用火加热,不能研磨易爆物质
分液漏斗	不能加热,玻璃活塞不能互换,用作分离和滴加
冷凝管	用作冷凝和回流,140 ℃以上时用空气冷凝器,回流冷凝器要直立使用
洗瓶	用蒸馏水洗涤沉淀和容器用,不能装自来水,塑料洗瓶不能加热
碘量瓶	用于碘量法,塞子及瓶口边缘磨口勿擦伤,以免产生漏隙;滴定时打开塞子,用蒸馏水将瓶口及塞子上的碘液洗入瓶内

2)采样玻璃仪器

在环境监测中,现场采样是监测分析的首要环节,也是一个重要环节,直接关系到能否真实的反映当地、当时的环境质量状况。同一地点不同项目取样要求不同,不同地点同一项目取样又应尽可能保持一致。因此,国家环境标准对采样有具体要求,水样采集与大气采样又各不相同。现将常用水样和气体采集所使用的玻璃仪器分述如下:

（1）水样的采集

一般表面水、自流水的采集,可直接用塑料桶或玻璃瓶采集。深井或河流水采样需用专业器皿,图2.1为一些常规水样采集器。

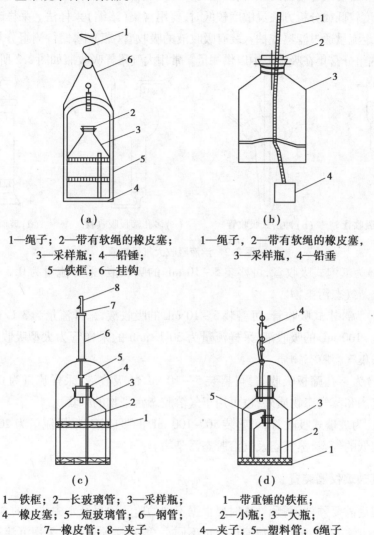

（a）
1—绳子；2—带有软绳的橡皮塞；
3—采样瓶；4—铅锤；
5—铁框；6—挂钩

（b）
1—绳子,2—带有软绳的橡皮塞,
3—采样瓶,4—铅垂

（c）
1—铁框；2—长玻璃管；3—采样瓶；
4—橡皮塞；5—短玻璃管；6—钢管；
7—橡皮管；8—夹子

（d）
1—带重锤的铁框；
2—小瓶；3—大瓶；
4—夹子；5—塑料管；6绳子

图2.1 常规水样采集器

图2.1(a)是由一个装在金属框内用绳子吊着的玻璃瓶组成的采水器,瓶底装有重锤,瓶口上的橡皮塞用细绳系牢。采样时,根据绳子上的标高,将采样器降至预定深度,用细绳将塞子上提打开,水样即可流入。根据不同的监测项目确定瓶内装水程度(一般监测项目及溶解氧测定需装满水,而矿物油的监测不能装满水),盖好盖子。图2.1(b)使用方法与图2.1(a)采样瓶相同,该装置为简易装置,可现场自制。当采样需在流量大、水层深处时,应选用急流采样器,如图2.1(c)所示。它是将长钢管固定在铁框上,钢管内装橡皮管,管的上部用铁夹夹紧,下部与瓶塞上的短玻璃管直通到瓶底。采样前瓶盖塞紧,在采样处垂直放下采样瓶至预定深处,打开钢管上部橡皮管夹子,水样沿长玻璃管流入采样瓶中。此种采样器是隔绝空气采样,故水样可用于溶解氧的测定。图2.1(d)则是溶解氧测定专用采样瓶。

（2）大气的采集

对于一些污染程度高或分析方法灵敏度高的气体，只需少量气体就能测定，可采用直接采样法。直接采样一般使用专用密封塑料袋、气囊、大号注射器（取样口带有密封夹）、真空瓶等。而当被测物质浓度较低或分析方法灵敏度较低时，要用富集（浓缩）采样法。采样时用抽气装置将待测空气以一定流量通过滤器或抽入装有吸收液的吸收管（瓶）中，使待测组分与吸收液充分反应，从而将待测组分富集在吸收液中以供测量。常用大气采样吸收瓶如图 2.2 所示。

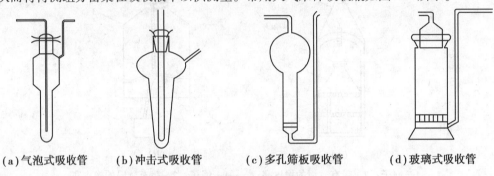

（a）气泡式吸收管　　（b）冲击式吸收管　　（c）多孔筛板吸收管　　（d）玻璃式吸收管

图 2.2　溶液吸收大气采样瓶

图 2.2（a）为气泡式吸收管，可盛装 5～10 mL 的吸收液，采样流量为 0.5～2 L/min，适合于采集气态或蒸气态污染物。

图 2.2（b）为冲击式吸收管，可盛装 5～10 mL 的吸收液，采样流量为 3 L/min 的是小型吸收管；盛装 50～100 mL 的吸收液，采样流量为 30 L/min 的采样管为大型吸收管，这种冲击式吸收管适宜采集气溶胶态物质。

图 2.2（c）为多孔筛板吸收管，可盛装 5～10 mL 的吸收液，采样流量为 0.1～21 L/min。除适合采集气态和蒸气态物质外，也可用于气溶胶态污染物的采集。

图 2.2（d）为玻璃式吸收管，可盛装 50～100 mL 的吸收液，采样流量为 20 L/min，尤其适合采集含量较低的气态、蒸气态及气溶胶态污染物。

3）预处理玻璃仪器装置

水样采集后需要预处理，预处理时要根据不同的监测项目及水中成分的含量，采取适当的预处理方法。方法不同，所用的玻璃仪器也不同，一般水样预处理多采用沉淀过滤、加酸消解、蒸馏分离、萃取分离及干灰化等。常用的器皿有：烧杯、锥形瓶、瓷蒸发皿、坩埚等，另外还有一些特殊的玻璃仪器也常用于水样的预处理。现将蒸馏和萃取操作所用的玻璃装置分述如下：

（1）蒸馏所用的玻璃装置

烧瓶是水样预处理过程中应用最广泛的一种玻璃仪器，常用于蒸馏操作中。常用的有平（圆）底烧瓶、蒸馏烧瓶、分馏烧瓶。它们或与各种冷凝管连接，或与各种吸收瓶、接收瓶连接，组成不同的蒸馏装置，应用于不同的场合，以满足不同的测试要求。如图 2.3、图 2.4 所示就是利用不同的烧瓶（圆底烧瓶和分馏烧瓶）对氟化物进行蒸馏预处理的装置。图 2.5、图 2.6 是利用凯氏烧瓶对凯氏氮进行蒸馏的装置。当凯氏氮含量不同时，装置也有所不同。凯氏烧瓶的特点是瓶颈较长，消解样品时不易爆溅瓶外。同一监测项目，使用不同的预处理装置的还有硫化物的测定，如图 2.7 和图 2.8 所示。

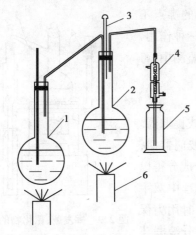

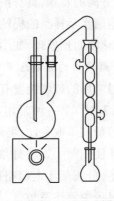

图2.3　氟化物水蒸气蒸馏装置

1—水蒸气发生瓶;2—烧瓶;3—温度计;
4—冷凝管;5—接收器;6—热源

图2.4　氟化物蒸馏装置

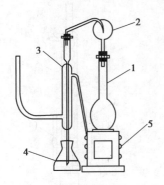

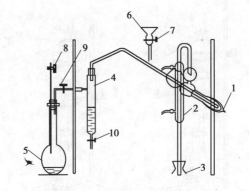

图2.5　凯氏氮蒸馏装置

1—凯氏烧瓶;2—定氮球;
3—直形冷凝管及导管;
4—收集瓶;5—电炉

图2.6　微量凯氏氮蒸馏装置

1—整流瓶;2—冷凝管;3—接收管;
4—分水桶;5—蒸汽发生器;6—加碱小漏斗;
7,8,9—螺旋夹;10—开关

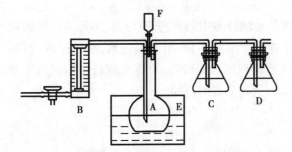

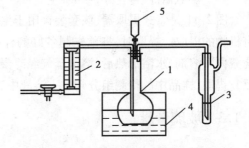

图2.7　碘量法测硫化物吹气装置

A—500 mL 平底烧瓶;B—流量计;
C,D—吸收瓶;E—50~60 ℃恒温水浴;F—分液漏斗

图2.8　比色法测硫化物吹气装置

1—500 mL 平底烧瓶;2—流量计;3—吸收管;
4—50~60 ℃恒温水浴;5—分液漏斗

全玻璃蒸馏装置是利用水样中各种污染成分的沸点不同,而使其彼此分离的装置,具有消解、富集、分离三种作用,也可用于重蒸蒸馏水及样品的提纯。在环境样品监测中,可用于挥发酚、氰化物的预处理,如图2.9所示。

(2)萃取分离所用的玻璃装置

萃取分离时常用的玻璃装置有分液漏斗和索式提取器。分液漏斗(见图2.10)是一种常用的样品预处理玻璃器皿,当选择适当的溶剂和萃取条件,可使水样中的混合成分得以分离。分液漏斗使用前一定要仔细试漏。振摇过程中双手控制瓶塞和活塞,分液漏斗上口略向下倾斜,振荡时用力保持均匀。萃取过程中要注意放气,振摇萃取后,将分液漏斗直立静置,并不时轻轻旋摇,以加速分离。分层后,打开活塞,放出下层溶液,上层溶液由瓶口倒出。

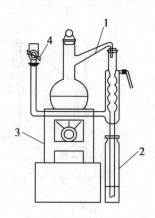

图 2.9 挥发酚、氰化物的蒸馏装置
1—500 mL 全玻璃整流器;
2—接收管;3—电炉;4—水龙头

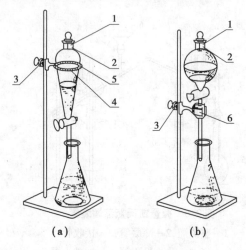

(a)　　　　　(b)

图 2.10 分液漏斗
1—小孔;2—玻璃塞上的侧槽;3—持夹;
4—铁圈;5—缠扎物;6—单爪夹

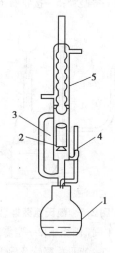

图 2.11 索氏提取器
1—蒸馏烧瓶;2—样品纸筒;3—提取筒;
4—虹吸管;5—冷凝管

图2.11是索式提取器,该套装置用于生物及土壤样品中的农药、石油类、多环芳烃等微量有机物的提取。提取时,将预先制备好的样品放入滤纸筒中,或用滤纸包紧,放入提取筒内。烧瓶内装溶剂,水浴加热后,溶剂蒸气经冷凝管冷凝后滴入提取筒,对样品进行浸泡提取。经反复提取,样品中的待测组分则进入溶液中,从而达到分离的目的。

2.1.3 玻璃量器

1)量器的分类与等级

(1)量器的分类

量器按其用途不同分为量入式和量出式两种。量入式量器用来测定注入量器内液体的体积,如容量瓶、具塞量筒等。量出式量器用来测定自量器内排出液体的体积,如滴定管、移液管等。国际上采用"In"表示量入,"Ex"表示量出,都标明在量器的玻璃上。量入式量器比量出式量器精度高 1 倍。

(2)量器的等级

量器所标出的标线和数字(通过标准量器给定的),称为量器在标准温度 20 ℃时的标称容量。玻璃量器按其标称容量准确度(容量允差)的高低和流出的时间分为 A 级和 B 级两种。A 级与 B 级相比,精度高一倍。凡分级的量器,上面都有相应的等级标志。无"A""B"字样符号的量器则表示不分级别,如量筒、量杯等。

2)量器的标准容量允差

容量允差是量器的实际容量和标称容量之间存在的差值。容量允差是量器的重要技术指标。按照《常用玻璃量器检定规程》(JJG 196—90),在标准温度 20 ℃时,滴定管、吸量管、容量瓶、量筒、量杯的标准容量允差,均应符合表 2.2 的规定。

表 2.2　量器的分类和等级

量器的分类			用法	准确度等级	标称总容量(mL 或 cm³)
滴定管	无塞、具塞、三通活塞、自动定零位滴定管		量出	A 级 B	5,10,25,50,100
	座式滴定管		量出	A 级	1,2,5,10
分度吸管	完全流出式	有等待时间 15 s		A 级 B	1,2,5,10,25,50
		无等待时间		A 级 B	0.1,0.2,0.25,0.5
	不完全流出式			A 级 B	1,2,5,10,25,50
	吹出式			B 级	0.1,0.2,0.25,0.5,1,2,5,10
单标线吸管			量出	A 级 B	1,2,5,10,15,20,25,50,100
单标线容量瓶			量入	A 级 B	1,2,5,10,25,50,100,200,250,500,1 000,2 000
量筒	具塞		量入	—	5,10,25,50,100,200,250,500,1 000,2 000
	不具塞		量出	—	
量杯			量出	—	5,10,20,50,100,250,500,1 000,2 000

2.2　常用容器的洗涤、干燥与保存

2.2.1　容器洗涤

容器的洗涤是一项很重要的操作。容器的清洁与否直接影响分析结果的可靠性与准确度。因此,容器洗涤的目的就是为了洗去器壁上的异物,减少其对样品的污染。下面就环境监测实验工作中所使用的各种容器清洗方法逐一介绍。

1)常量分析所用容器的洗涤

常量分析所用玻璃容器的洗涤,已为众所周知,即先用自来水和毛刷洗涤,除去仪器上的尘土和其他不溶性和可溶性杂质,再用去污粉、肥皂、合成洗涤剂洗刷,然后用铬酸洗液洗涤,最后用蒸馏水或去离子水冲洗容器内残留的洗液,直至干净为止。下面介绍4种常用容器的洗涤方法。

(1)烧杯或锥形瓶的洗涤

烧杯或锥形瓶的洗涤,可用刷子蘸肥皂液或去污粉、合成洗涤剂洗刷,洗刷后用自来水冲净,若仍有油污可用铬酸洗液浸泡。使用铬酸洗液时,必须先将容器内的水液倒尽,再将铬酸洗涤液缓缓倒入欲洗涤的容器中浸泡数分钟或数十分钟。如果将铬酸洗液预先温热效果会更好,这是因为热的溶液氧化能力更强。

铬酸洗液主要用于洗涤被无机物沾污的容器,它对有机物和油污的去污能力也较强。常用来洗涤一些口小、管细等形状特殊的容器。

铬酸洗液具有强酸性、强氧化性,对衣服、皮肤、橡胶等有腐蚀作用。使用时要特别小心。

(2)滴定管的洗涤

无明显油污的滴定管,可直接用自来水冲洗,再用滴定管刷子刷洗。若有油污的则可倒入铬酸洗液,把滴定管横过来,两手平端滴定管并缓缓转动直到洗液布满全管。碱式滴定管则应先将橡皮管卸下,把橡皮头套在滴定管底部,然后再倒入铬酸洗液进行洗涤。沾污严重的滴定管可直接倒入铬酸洗液浸泡数小时后,再用水冲洗干净。

(3)容量瓶的洗涤

容量瓶用自来水冲洗后,如还不干净,可倒入洗涤液摇动或浸泡,再用水冲洗干净,但不得使用瓶刷刷洗,也不应使用热的洗涤液洗涤。

(4)移液管的洗涤

移液管可吸取洗涤液进行洗涤,如沾污严重则可放在高型玻璃筒或大量筒内用洗涤液浸泡,再用水冲洗干净。

2)痕量分析所用容器的洗涤

上述用铬酸洗液洗涤容器的方法,只能用在常量分析中,对于痕量分析来说,则不能使用这样的方法。因为玻璃用铬酸洗液洗涤之后,容器表面会强烈地吸附铬,在每平方厘米的表面

可以吸附 10 ng。痕量分析对容器洗涤要求很高,要根据不同的情况酌情处理。

(1)玻璃容器的洗涤

玻璃容器可以使用浓硫酸和浓硝酸的混合溶液,也可用热的氨性的 EDTA 溶液洗涤,这些对洗涤容器都有良好的效果。当然,应根据待测元素的种类或所装的高纯试剂的种类选择适当的方法清洗容器,并且要选择能够避免腐蚀或伤害的洗涤剂。如测定铁时,可用盐酸洗涤容器。又如用硝酸(10%)浸泡聚乙烯容器48 h 以上,再用高纯水洗净的清洗方法洗涤此容器,可适用盛装测定痕量金属的淡水试样。

(2)塑料容器的洗涤

洗涤时,一般可先用苯、甲苯或四氯化碳润洗,然后用乙醇冲洗吹干。如果被金属离子及氧化物所沾污,可按美国国家标准局(NBS)推荐的清洗程序清洗:

①用分析纯稀盐酸(1+1)充满容器,于室温下放置 1 周,氟塑料容器应在80 ℃下放置1 周。

②倾去盐酸,用蒸馏水冲洗,再用稀硝酸(1+1)充满容器,浸泡 1 周,同样,氟塑料仍在 80 ℃下放置。

③倾去硝酸,用蒸馏水冲洗,然后用超纯水充满容器放置数周,并定期更换蒸馏水,使用时再在超净环境中干燥,也可用相同的溶液充满容器浸泡一段时间以后使用。

(3)石英器皿的洗涤

石英器皿可先用酸性溶液浸泡 8 h,再用自来水冲洗,并用蒸馏水煮沸数次,每次要更换新水,最后用纯净的氮气吹干。新的或过脏的器皿,可用(1+1)的稀氢氟酸或王水浸泡 15 ～20 min,然后用蒸馏水冲洗,用氮气吹干。

(4)铂质器皿的洗涤

新的铂质器皿,在使用前要进行灼烧,然后用盐酸洗涤。使用过的铂质器皿可在 2 mol/L 或 6 mol/L 的稀盐酸(不能含有硝酸、过氧化氢等氧化剂)中煮沸,也可在稀硝酸中煮沸,但不能在硫酸中煮沸。如用酸洗不净,可再用焦硫酸钾、碳酸钠或硼砂进行熔融清洗 5 ～10 min,或放在熔融的氯化镁和氯化铵混合物中(1 200 ℃)清洗。取出冷却后,再在热水中煮沸 10 min。铂制品被不同物质沾污时,应采用不同的洗涤方法。如被有机物沾污,可用洗涤液洗;被碳酸盐和氧化物沾污,可用盐酸或硝酸洗涤;被硅酸盐或二氧化硅沾污,可用熔融的碳酸钠或硼砂清洗;被耐酸的氧化物沾污,可在熔融的焦硫酸钾中清洗后,再在沸水中溶解洗去。

(5)玛瑙器皿的洗涤

先用水冲洗,必要时可用稀盐酸洗涤,再用水冲洗。若仍不干净,可放入少许氯化钠固体,研磨若干时间后,再倒去洗净。若污斑黏结得很牢固,不得已时可用细砂或金相砂纸擦洗。

(6)石英亚沸蒸馏器的洗涤

石英亚沸蒸馏器的洗涤按下述方法进行:

①先用浓氢氟酸处理内壁,沾污严重处可以反复处理。

②用热的铬酸钾洗液反复处理多次。

③用水冲洗直至内壁无水滴黏附。

④用王水充满蒸馏器浸泡 2 ～3 d。

⑤用蒸馏水或去离子水彻底冲洗干净。

3)特殊要求的仪器洗涤方法

有些实验对仪器的洗涤有特殊要求,在用上述方法洗净后,还需作特殊处理。例如,分光光度计的比色皿用于测定有机物之后,应用有机溶剂洗涤。必要时可用硝酸浸洗,但要避免用重铬酸钾洗液洗涤,以免重铬酸钾盐附着在玻璃上。用酸浸后,先用水冲净再用乙醇或丙酮洗涤、干燥。参比池应作同样的处理。

微量凯氏定氮仪,每次使用前都需用蒸气处理 5 min 以上,以除去仪器中的空气。

坩埚、滤板漏斗及其他砂芯滤器,由于滤片上的孔隙很小,极易被灰尘、沉淀物堵塞,又不能用毛刷刷洗,需选用适宜的洗涤液浸泡抽洗,最后再用自来水、蒸馏水冲洗干净。适于洗涤砂芯滤器的洗涤液见表2.3。

表2.3 砂芯滤器的常用洗涤液

沉淀物	有效洗涤液	用　法
新滤器	热盐酸、铬酸洗液	浸泡、抽洗
氯化银	1 + 1 氨水、10% 硫代硫酸钠	先浸泡再抽洗
硫酸钡	浓硫酸或3% EDTA500 mL + 浓氨水 100 mL	浸泡、蒸煮、抽洗
汞	热浓硝酸	浸泡、抽洗
氧化铜	热的氯酸钾与盐酸混合液	浸泡、抽洗
有机物	热铬酸洗液	抽洗
脂肪	四氯化碳	浸泡、抽洗

4)常用洗涤液的配制和使用方法

常用洗涤液的配制和使用方法见表2.4。

表2.4 常用洗涤液的配制和使用方法

名　称	化学成分及配制方法	适用范围	说　明
铬酸洗液	用 5 ~ 10 g 工业品 $K_2Cr_2O_7$ 溶于少量热水中,冷后徐徐加入 100 mL 浓硫酸(工业品),并不时搅动,得暗红色洗液,冷后注入干燥的试剂瓶中盖严备用	有很强的氧化性,能浸洗去绝大多数污物	可反复使用,当多次使用至呈墨绿色时,说明洗液已失效。且有腐蚀性和毒性,使用时不要接触皮肤及衣物。用洗刷法或其他简单方法能洗去的不必用此方法

续表

名　称	化学成分及配制方法	适用范围	说　明
碱性高锰酸钾洗液	取 4 g 高锰酸钾溶于少量水后,加入 100 mL 10% 的 NaOH 溶液混匀后装瓶备用。洗液呈紫红色	有强碱性和氧化性,能浸洗去各种油污	洗后若仪器壁上面有褐色二氧化锰,可用盐酸或稀硫酸或亚硫酸钠溶液洗去。可反复使用若干次,直至碱性及紫色消失为止
磷酸钠洗液	取 57 g Na_3PO_4 和 28.5 g $C_{17}H_{33}COONa$ 溶于 470 mL 水中	洗涤碳的残留物	将待洗物在洗液中泡若干分钟后刷洗
硝酸-过氧化氢洗液	15% ~20% 硝酸和 5% 过氧化氢混合	浸洗特别顽固的化学污物	贮于棕色瓶中,现用现配,久存易分解
强碱洗液	5% ~10% 的 NaOH 溶液(或 Na_2CO_3、Na_3PO_4 溶液)	常用以浸洗除去普通油污	通常需要用热的溶液
强碱洗液	浓 NaOH 溶液	黑色焦油、硫可用加热的浓碱液洗去	
强酸溶液	稀硝酸	用以浸洗除去铜镜、银镜等	洗银镜后的废液可回收 $AgNO_3$
强酸溶液	稀盐酸	浸洗除去铁锈、二氧化锰、碳酸钙等	
强酸溶液	稀硫酸	浸洗除去铁锈、二氧化锰等	
有机溶剂	苯、二甲苯、丙酮等	用于浸洗除去小件异形仪器,如活栓孔、吸管及滴定管的尖端等	成本高,一般不使用

2.2.2　玻璃容器的干燥与保存

1)玻璃容器的干燥

不同的化验操作,对容器是否干燥及干燥程度要求不同。有些可以是湿的,有的则要求是干燥的;有的只要求没有水痕,有的则要求完全无水。因此应根据实验要求来干燥仪器。已经洗净的玻璃仪器不能用布或纸擦,因为布或纸的纤维会留在器壁上而弄脏仪器。常用的干燥方法有以下 5 种。

(1)晾干

晾干又称倒置法。把洗干净的仪器倒置在干净的架子或柜内,任其自然晾干。容量仪器、加热烘干会炸裂的仪器以及不急需使用的仪器都可采用此法。

(2)烘干

这是最常用的方法,其优点是快速、省时间。烘干温度一般控制在 105 ~ 120 ℃。将洗干净的仪器尽量把水倒尽后放入烘箱内,仪器口朝下,并在烘箱的最下层放一搪瓷盘,承接从仪器上滴下的水,以免滴到电热丝上损坏电热丝。烘干的玻璃仪器一般都在空气中冷却,但称量瓶等用于精确称量的玻璃仪器则应在干燥器中冷却保存。任何量器均不得用烘干法干燥。

(3)烤干

一些常用的烧杯、蒸发皿等,可放在石棉网上用小火烤干。试管可用试管夹夹住后,在火焰上来回移动直至烤干,烤时必须使管口低于管底,以免水珠流到灼烧部位使试管炸裂。烤干法只适用于硬质玻璃仪器,有些玻璃仪器,如比色皿、比色管、称量瓶、试剂瓶等不宜用烤干法干燥。

(4)吹干

急需使用干燥的玻璃仪器而不便于烘干时,可使用电吹风快速吹干。如果玻璃仪器大量带水,应先用丙酮、乙醇、乙醚等有机溶剂冲洗一下,然后用冷风吹 1 ~ 2 min,待大部分溶剂蒸发后,再用热风吹,吹干后再吹冷风,使仪器逐渐冷至室温。一些不宜高温烘烤的玻璃仪器,如移液管、滴定管均可用电吹风法快速干燥。

(5)高温净化干燥

在 500 ~ 800 ℃温度下灼烧,不仅能起干燥作用,而且还能烧去仪器上的污物和不易洗掉的结垢。用此方法干燥的仪器多属于瓷质制品和石英制品。

带有刻度计量仪器的干燥只能用晾干或用有机溶剂吹干,不能采用加热的方法,因为加热会影响仪器的精度。

2)玻璃仪器的保存

实验室中常用的玻璃仪器,应根据其特点、用途和方便、实用的原则加以保存。

①滴定管用完洗净后,可装满蒸馏水,管口盖一个塑料帽或小烧杯,夹在滴定夹上,也可倒夹。

②移液管可在洗净后,用滤纸包住两端,置于吸管架上(横式),也可置于有盖的搪瓷盘中,垫以清洁纱布保存。

③清洁的比色皿、比色管、离心管要放在专用盒内,或倒置在专用的架上。

④磨口仪器,如量瓶、称量瓶、碘瓶、分液漏斗等,使用前应用小绳将塞子拴好,以免打破塞子或者互相弄混,暂时不用的磨口仪器,磨口处要垫一纸条,用皮筋拴好塞子保存。

⑤成套的专用仪器,如索氏提取器、凯氏定氮仪、K-D 浓缩器、全玻璃蒸馏器等,用完后要及时洗涤干净,存放于专用的包装盒中。

⑥小件仪器可放在带盖的托盘中,盘内要垫以清洁的纱布或滤纸。

⑦所有玻璃仪器应按种类、规格顺序存放。

2.3　实验用水

水是实验室最常用的溶剂,配制试剂、标准物质、洗剂时均需大量使用。水对分析质量有着广泛和根本的影响,对于不同用途需要不同质量的水。实验室的实验用水一般不能直接使用自来水,须根据实验要求,用经过处理的纯水。根据水的纯度不同,纯水分不同的等级,不同等级的纯水制备方法不同。市售蒸馏水或去离子水必须经检验合格才能使用。实验室中应配备相应的提纯装置。

2.3.1　实验室纯水的质量要求

实验室纯水应为无色透明的液体,其中不得有肉眼可辨的颜色及纤絮杂质。

根据《分析实验室用水规格和试验方法》(GB 6682—2008)规定,分析实验室纯水分为三个等级:一级水、二级水和三级水。

一级水用于制备标准水样或超痕量物质的分析。一级水不含有溶解杂质或胶态质有机物,它可用二级水经进一步处理制得。例如,可将二级水经过石英设备蒸馏或离子交换混合床处理后,再经 $0.2~\mu\mathrm{m}$ 微孔滤膜过滤来制取。

二级水用于精确分析和研究工作。二级水常含有微量的无机、有机或胶态杂质,可用多次蒸馏、电渗析或离子交换等方法制取。

三级水适用于一般实验工作,可用蒸馏或离子交换等方法制取。

实验室纯水的原料应当是饮用水或比较干净的水,如有污染或空白达不到要求,必须进行纯化处理。

2.3.2　实验室常用纯水的制备

纯水是分析工作必不可少的条件之一。因此,在开展分析监测之前,首先要制备出合乎分析要求的纯水。纯水的制备是将原水中可溶性和非可溶性杂质全部除去的水处理方法。

制备纯水的方法很多,通常大多用蒸馏法、离子交换法、亚沸蒸馏法和电渗析法,下面对用各种方法制备的纯水分别作一简单介绍。

1) 蒸馏水

蒸馏水是利用水与水中杂质的沸点不同,用蒸馏法制得的纯水。用此法制备纯水的优点是操作简单,可除去非离子杂质和离子杂质;缺点是设备要求严密,产量很低而且成本较高。

用蒸馏法制备的纯水仍有一些微量不挥发性和挥发性杂质。不挥发性杂质大多数是无机盐、碱和某些有机化合物;挥发性杂质主要是溶解在水中的气体、多种酸、有机物及完全或部分转入馏出液中的某些盐的分解产物。

化学分析用水,通常是经过一次蒸馏而得,称为一次(级)蒸馏水。有些分析要求用水须经二次(或三次)蒸馏而得的二次(或三次)蒸馏水。对于高纯物分析,必须用高纯水。为此,可增加蒸馏次数,减慢蒸馏速度,弃去头尾蒸出水,以及采用特殊材料如石英、银、铂、聚四氟乙烯等制作的蒸馏器皿,制得高纯水。高纯水不能储于玻璃容器中,而应储于有机玻璃、聚乙烯塑料或石英容器中。

制备纯水的蒸馏器的不同将影响纯水的质量:

①使用铜或其他金属制成的蒸馏器,蒸得的蒸馏水中所含的金属杂质,如铜、锡等常多于原水。不适用于痕量元素的分析。

②使用硬质化学玻璃制成的蒸馏器,全部磨口连接,所蒸馏的蒸馏水比较纯净,适用于一般用途。由于硬质化学玻璃中含有一定数量的硼,故所得的蒸馏水不适用于硼的测定。

③石英蒸馏器所得到的(或蒸得的)蒸馏水更为纯净,适用于所有痕量元素的测定工作。但是石英蒸馏器价格昂贵,蒸馏瓶体积一般比较小,出水率较低,不应无条件地使用。

2) 去离子水

用离子交换法制得的实验用水,常称去离子水或离子交换水。此方法的优点是操作与设备均不复杂,出水量大,成本低。在大量用水的场合正逐步替代蒸馏法制备纯水。离子交换法能除去原水中绝大部分盐、碱和游离酸,但不能完全除去有机物和非电解质。因此,要获得既无电解质又无微生物等杂质的纯水,还须将离子交换水再进行蒸馏。为了除去非电解质杂质和减少离子交换树脂的再生处理频率,提高交换树脂的利用率,最好利用市售的普通蒸馏水或电渗水代表原水,进行离子交换处理而制备去离子水。

去离子的注意事项如下:

①直接使用自来水制备去离子水时,应先将原水充分曝气,待其中余氯除尽再使之入床。自然曝气所需时间视环境温度而异,一般夏季约需 1 d,冬季常需 3 d 以上,加热并加强搅拌或充气可提高除氯效率。

②原水硬度较高时,则应进行必要的处理(如蒸馏或电渗析)以除去大量无机盐类,再进行交换处理,以延长交换柱的工作周期。

③使用复合床制备纯水时最好是连续生产,当复合床内的树脂再生处理后重新使用,或间歇工作再继续制水时,其最初出水的质量都较差,电阻率常低于 $10^5 \Omega \cdot cm$,因而须待出水电阻率符合要求时方可收集使用。对先出的质量低劣的交换水可重新入床进行交换处理。

④用离子交换法制得的纯水一旦接触空气,其电阻率随即迅速下降;以玻璃容器储存时,其电阻率也将随储存时间的延长而继续降低。

⑤去离子水金属杂质含量极低,适于配制痕量金属分析用的试液。

⑥去离子水常含有微量树脂浸出物和树脂崩解微粒(部分微粒可用孔径为 $0.2 \sim 0.45 \mu m$ 的滤膜滤除),不宜用以配制有机物质分析的试液和 TOC、COD 的试液。

⑦一些电化学仪器的电极表面可因受微量有机物轻度污染而严重钝化;频繁处理电极会影响其重复性,应切实注意去离子水对这些仪器的影响。

⑧树脂再生处理的质量好坏决定制备的去离子水的纯度。因此,应使用足量的再生剂充分处理树脂,并需彻底洗净残留的再生剂和再生交换液。尤其是混合树脂,如经分别再生处理后未能充分洗净,则重新混合后将因交互污染而显著降低其交换能力和有效交换容量。

3)亚沸蒸馏水

亚沸蒸馏是以光作能源,照射液体表面,使水从液面汽化蒸发,可避免沸腾时机械携带或沿表面蠕升的弊病。所得水质极纯,若空气及容器清洁可靠,可供超痕量分析或更严格的分析之用。

亚沸蒸馏装置由透明石英制成,国内已有生产。最简单的亚沸蒸馏装置如图 2.12 所示,为双瓶连通的亚沸蒸馏器,可用石英或特氟隆材料制成,形同试剂瓶,A 瓶为原水瓶,B 瓶为接受瓶,两瓶中间连通,以灯光为热源,加热 A 瓶。B 瓶置于冰水中,以凝集蒸汽为纯水。此装置自成闭封系统,不与外界接触,若用以纯化酸类,不用置于通风橱内,既不受环境污染,也不污染环境,设备简单易行。

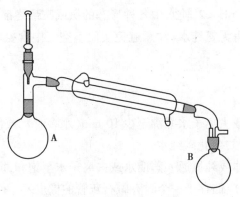

图 2.12 亚沸蒸馏装置

4)电渗析纯水

在电渗析器的阳板和阴板之间交替平行放置若干张阴离子交换膜和阳离子交换膜,膜间保持一定间距形成隔室,在通直流电后水中离子作定向迁移,阳离子移向负极,阴离子移向正极,阳离子只能透过阳离子交换膜,阴离子只能透过阴离子交换膜。在电渗析过程中能除去水中电解质杂质,但对弱电解质去除效率低。电渗法常用于海水淡化,不适用于单独制取实验纯水。与离子交换法联用,可制得较好的实验用纯水(可达 $5 \times 10^6 \sim 10 \times 10^6 \ \Omega \cdot cm$)。

电渗析法的特点,是设备可以自动化,节省人力,仅消耗电能,不消耗酸碱,不产生废液等。

5)超纯水

在仪器分析中,如原子光谱和高效液相色谱,为了减少空白值,需要超纯水。在这里简要介绍一种名为 EDI(Electrodeionization)的超纯水技术。

电去离子(Electrodeionization,EDI)是将电渗析膜分离技术与离子交换技术有机地结合起来的一种新的制备超纯水(高纯水)的技术,它利用电渗析过程中的极化现象对填充在淡水室中的离子交换树脂进行电化学再生。

EDI 膜堆主要由交替排列的阳离子交换膜、浓水室、阴离子交换膜、淡水室和正、负电极组成。在直流电场的作用下,淡水室中离子交换树脂中的阳离子和阴离子沿树脂和膜构成的通道分别向负极和正极方向迁移,阳离子透过阳离子交换膜,阴离子透过阴离子交换膜,分别进入浓水室形成浓水。同时 EDI 进水中的阳离子和阴离子跟离子交换树脂中的氢离子和氢氧根离子交换,形成超纯水(高纯水)。

2.3.3　特殊要求的实验室用水

1)无氯水

加入亚硫酸钠等还原剂,将自来水中的余氯还原为氯离子,用 N-二乙基对苯二胺(DPD)检查不显色。然后用附有缓冲球的全玻蒸馏器进行蒸馏制取无氯水。

2)无氨水

向水中加入硫酸至其 pH<2,使水中各种形态的氨或胺最终都变成不挥发的盐类,用全玻蒸馏器进行蒸馏,即可制得无氨纯水(注意避免实验室空气中含氨的重新污染,应在无氨气的实验室中进行蒸馏)。

3)无二氧化碳水

①煮沸法:将蒸馏水或去离子水煮沸至少 10 min(水多时),或使水量蒸发 10% 以上(水少时),加盖放冷即可制得无二氧化碳纯水。
②曝气法:将惰性气体或纯氮通入蒸馏水或去离子水至饱和,即得无二氧化碳水。
制得的无二氧化碳水应储存于一个附有碱石灰管的橡皮塞盖严的瓶中。

4)无砷水

一般蒸馏水或去离子水都能达到基本无砷的要求。应注意避免使用软质玻璃(钠钙玻璃)制成的蒸馏器、树脂管和贮水瓶。进行痕量砷的分析时,须使用石英蒸馏器和聚乙烯的离子交换树脂柱管和贮水瓶。

5)无铅(无重金属)水

用氢型强酸性阳离子交换树脂柱处理原水,即可制得无铅(无重金属)的纯水。贮水器应预先进行无铅处理,用 6 mol/L 硝酸溶液浸泡过夜后以无铅水洗净。

6)无酚水

向水中加入氢氧化钠至 pH 值大于 11,使水中酚生成不挥发的酚钠后,用全玻蒸馏器蒸馏制得(蒸馏之前,可同时加入少量高锰酸钾溶液使水呈紫红色,再进行蒸馏)。

7)不含有机物的蒸馏水

加入少量高锰酸钾的碱性溶液于水中,使其呈红紫色,再以全玻蒸馏器进行蒸馏即得。在整个蒸馏过程中,应始终保持水呈红紫色,否则应随时补加高锰酸钾。

2.4 化学试剂与溶液的配制

化学试剂在环境监测实验中是不可缺少的物质,也是化学分析和仪器分析的定性定量基础之一。整个监测分析操作过程,例如取样、样品处理、分离富集、测定方法等无不借助于化学试剂来进行。同一种试剂,虽然性质相同,但因其中的杂质含量不同,可能会导致分析结果不同。因此,选择的试剂是否合适,会直接影响测试结果。

2.4.1 化学试剂的分类和规格

1)化学试剂分类

化学试剂数量繁多,种类复杂。目前化学试剂的等级划分及其有关的名词术语在国内外尚未统一,但多年来已为广大的化学试剂生产、销售和使用者所熟悉和沿用。我国化学试剂通常根据用途分为 10 大类,见表 2.5。

表 2.5 化学试剂分类

规　　格	代　号	用　　途
基准试剂		标定标准溶液
pH 基准缓冲物质		配制 pH 标准缓冲溶液
高纯试剂	EP(Extra pure)	配制标准溶液
色谱纯试剂	GC(Gas chromatography)	气相色谱分析专用
实验试剂	LR(Laboratory reagent)	配制普通溶液如清洁液
指示剂	Ind(indicators)	配制 pH 指示液等
生化试剂	BR(Biochemical reagent)	配制生物化学检验试液
生物染色剂	BS(biological stains)	配制微生物标本染色液
光谱纯试剂	SP(Spectral pure)	用于光谱分析
特殊专用试剂	RS(Special reagent)	用于特定监测项目

2)化学试剂规格

化学试剂规格又称试剂级别,反映试剂的质量。试剂规格一般按试剂的纯度、杂质含量来划分。为了保证和控制试剂产品的质量,国家或有关部门制定和颁布"试剂标准",对试剂的规格标准和检验的方法标准作出规定。

我国的试剂规格基本上按纯度划分为高纯、基准、光谱纯、优级纯、分析纯、化学纯和实验纯7 种。国家和主管部门颁布质量指标的主要是优级纯、分析纯和化学纯 3 种规格,见表 2.6。

表 2.6　化学试剂规格及标志

级　别	一级品	二级品	三级品	四级品
中文标志	保证试剂(优级纯)	分析试剂(分析纯)	化学试剂(化学纯)	实验试剂 生物试剂
代号	GR	AR	CP	LR、BR 或 CR
标志颜色	绿色	红色	蓝色	棕色或黄色
用途	主要用于精密的科学研究和痕量分析	用于一般的科学研究和分析工作	用于一般定性分析和化学制备	用于实验辅助试剂和化学制备

2.4.2　化学试剂的选用

在环境监测的分析测定中,选用的试剂纯度要与所用方法相当。应根据分析任务、分析方法和对分析结果准确度的要求等,选用不同等级的试剂。选用试剂的主要依据是该试剂所含杂质对分析要求有无影响,若试剂纯度不符合要求,应对试剂进行提纯处理。

1)根据分析任务,选用不同等级的试剂

痕量分析应选用高纯级或一级品试剂,以降低空白值或避免杂质干扰;仲裁分析可选用一级品或二级品试剂;一般控制分析可选用二、三级品试剂。优级纯可用于配制标准溶液,在仪器分析实验中一般用优级纯或高纯试剂。分析纯用于配制定量分析中的普通溶液,一般分析测定中未指明试剂规格时,常指分析纯试剂。化学纯只能用于配制半定量或定性分析中的普通溶液和清洁液等。

化学试剂的纯度越高,价格越贵。因此,在选择试剂时,应本着节约的原则,按照实验的实际需要来选用试剂的级别。试剂并非越纯越好,级别不同的试剂价格相差很大,在要求不是很高的实验中使用较纯的试剂,会造成很大的浪费。

2)根据分析方法,选用不同纯度的试剂

例如,络合滴定中常用二级试剂,以防止因试剂中的杂质金属离子而封闭指示剂;光谱分析和色谱分析中要求用光谱纯和色谱纯试剂,以降低试剂的空白值和痕量杂质的干扰。在滴定分析实验中,分析纯也可用于配制标准溶液,然后用基准试剂进行标定。应该指出,化学试剂虽都按国家标准或部颁标准检验出厂,但不同厂家生产的同一级试剂,在性能上仍有差异;甚至同一厂家不同批号的同一试剂,其性质也很难完全一致。因此,在某些要求较高的分析中,不仅要考虑试剂的等级,还必须注意生产厂家、产品批号等,必要时应作专项检验和对照试验。

2.4.3 化学试剂的存放和取用

1)存放

化学试剂必须妥善保存以防变质。变质试剂是导致分析误差的重要原因之一。固体试剂应存放在广口瓶中,液体试剂则装在细口瓶或滴瓶中,见光易分解的试剂存放在棕色瓶中,有些甚至需要用黑纸包裹瓶身,存放在暗处。此外,要想妥善保存化学试剂,还须注意以下几方面的影响:

①空气的影响。空气中的氧易使还原性试剂氧化而破坏,如强碱性试剂易吸收二氧化碳而变成碳酸盐等,故化学试剂应密封贮存于容器内,开启取用后随即盖严。

②温度的影响。试剂变质的速度与温度有关。夏季高温会加速不稳定试剂(如氯胺 T 等)的分解;冬季严寒会促使甲醛聚合而沉淀变质,冰醋酸冻结后会胀破容器。

③光的影响。日光中的紫外线能加速某些试剂(如银盐、汞盐、溴和某些酚类试剂)的化学反应而使其变质。储存时应放在避光的试剂橱内。

④储存期的影响。不稳定试剂在长期储存后可发生歧化、聚合、分解或沉淀等变化。对这类试剂应少量分次采购储存。使用前除检查其外观外,还应注意其出厂日期。如怀疑有变质可能,应检验合格后再使用,以免影响分析质量。

2)取用

取用固体试剂时,一般用干净的药匙取,先取下瓶盖,仰放在干净的台面上,取用试剂后,立即盖上瓶盖,并将试剂瓶放在原处。取用的多余固体试剂不能倒回原瓶。取一定质量的固体时,可把固体放在纸上或表面皿上,用天平称量。有腐蚀性或易潮解的固体不能放在纸上,而应放在玻璃容器或其他合适的容器内进行称量。

从细口瓶中取液体试剂时,先把瓶盖取下,仰放在干净的台面上。一手拿着承接容器,另一手拿着试剂瓶,瓶口靠住容器内壁,缓缓倒出液体试剂,让液体沿器壁往下流。倒完后把瓶口在容器口的内壁上靠一下。再将瓶子竖直并盖紧瓶盖。倾倒液体时,也可沿着玻璃棒将液体引入乘装容器内。

每个试剂瓶上都要贴上标签,并标注试剂名称、浓度和纯度。

2.4.4 溶液的配制与保存

在环境监测的项目分析测定过程中,常需要将分析使用的试剂配制成溶液进行测定,因此,正确配制和合理保存溶液是很重要的。

1)溶液的配制步骤

①计算。计算配制所需固体溶质的质量或液体浓溶液的体积。

②称量。用分析天平或托盘天平称量固体溶质的质量,或用移液管、量筒等量取液体浓溶液的体积。

③溶解。将固体溶质或液体浓溶液放入烧杯中,向烧杯中加入溶剂溶解或稀释溶质,如果不能完全溶解溶质,可适当加热助溶,然后冷却至室温。

④转移溶液。将烧杯中冷却后的溶液沿着玻璃棒小心转移到一定体积的容量瓶中。用溶剂洗涤烧杯和玻璃棒 2～3 次,并将洗涤液全部转入容量瓶中,然后振荡,使溶液混合均匀。

⑤定容。向容量瓶中加入溶剂至刻度线。

⑥摇匀。盖好瓶塞并旋紧,上下颠倒容量瓶,使溶液混合均匀。

⑦保存。将配制好的溶液倒入干净的试剂瓶中,贴好标签,标签上注明溶液名称、浓度、配制日期等,储存待用。

如果溶液浓度准确度要求不高,可省去定容步骤,溶解时用量筒加入所需体积溶剂;待其溶解后,直接将溶液倒入试剂瓶保存。

常用溶液浓度的表示方法有:物质的量浓度(mol/L)、质量浓度(g/L,mg/L,mg/mL,μg/mL等)、质量分数、体积分数等。

2)标准溶液的配制

在环境监测中常需配制已知准确浓度的标准溶液,通过标准溶液的浓度和用量来计算待测组分的含量。标准溶液的配制方法主要有直接配制法和间接配制法两种。

(1)直接配制法

用分析天平准确称取一定量的基准物质,溶解后配制成一定体积的溶液,根据物质的质量和溶液的体积,即可计算出该标准溶液的浓度。不是任何化学试剂都能用来直接配制标准溶液,能用于直接配制标准溶液的物质称为基准物质。有时所需标准溶液浓度很低,若直接称量会因量较小而造成较大误差。通常先配制浓度大的标准溶液(也称储备液),再稀释至所需要的浓度,但稀释次数不能太多(最好不大于 2 次),稀释次数太多,累积误差就会过大,影响结果准确度。

(2)间接配制法

很多试剂不符合基准物质的条件,如有些试剂在空气中会吸潮,有些液体试剂则本身就不是纯的试剂,不能用直接法配成标准溶液。可先将其配成近似所需浓度的标准溶液,然后用基准物质(或已知准确浓度的另一种溶液)来标定它的准确浓度。配制近似浓度的溶液时,由于只要求准确到 1～2 位有效数字,故可用误差较大的托盘天平称量固体试剂,以及用量筒量取液体试剂。但是,在标定标准溶液的整个过程中,用作标定的基准物质要用分析天平准确称量,并准确稀释到所需体积。所量取的待标定溶液的体积和滴定溶液的体积也均要用移液管和滴定管准确操作,准确记录体积数。

3)缓冲溶液的配制

缓冲溶液一般由浓度较大的弱酸和它的盐,弱碱和它的盐组成。在高酸度的溶液中,强酸也能稳定酸度。同样,在高碱度的溶液中,强碱也能稳定碱度;这时强碱、强酸也可作为缓冲溶液。缓冲溶液可分为一般缓冲溶液和标准缓冲溶液两类。

(1)常用缓冲溶液的配制

①常用缓冲溶液的配制

常用缓冲溶液的配制均采用二次蒸馏水,并采取措施防止空气中的二氧化碳气体进入。所用试剂用优级纯,如果使用分析纯或化学纯试剂,必须在一定温度下进行重结晶和干燥处理。常用缓冲溶液的配制方法和 pH 值范围列于表 2.7。

表 2.7　几种常用缓冲溶液的配制

pH 值	配制方法
0	盐酸(1 mol/L)
1.0	盐酸(0.1 mol/L)
2.0	盐酸(0.01 mol/L)
3.6	8 g 乙酸钠溶于适量水中,加入 134 mL 乙酸(6 mol/L),用水稀释至 500 mL
4.0	20 g 乙酸钠溶于适量水中,加入 134 mL 乙酸(6 mol/L),用水稀释至 500 mL
4.5	32 g 乙酸钠溶于适量水中,加入 68 mL 乙酸(6 mol/L),用水稀释至 500 mL
5.0	50 g 乙酸钠溶于适量水中,加入 34 mL 乙酸(6 mol/L),用水稀释至 500 mL
5.5	六次甲基四胺溶液(30%)
5.7	100 g 乙酸钠溶于适量水中,加入 13 mL 乙酸(6 mol/L),用水稀释至 500 mL
7.0	77 g 乙酸钠溶于适量水中,用水稀释至 500 mL(不加乙酸)
7.5	160 g 氯化铵,加 14 mL 浓氨水,用水稀释至 500 mL
8.0	150 g 氯化铵,加 3.5 mL 浓氨水,用水稀释至 500 mL
8.5	140 g 氯化铵,加 3.5 mL 浓氨水,用水稀释至 500 mL
9.0	135 g 氯化铵,加 8.8 mL 浓氨水,用水稀释至 500 mL
9.5	130 g 氯化铵,加 24 mL 浓氨水,用水稀释至 500 mL
10.0	127 g 氯化铵,加 65 mL 浓氨水,用水稀释至 500 mL
10.5	19 g 氯化铵,加 197 mL 浓氨水,用水稀释至 500 mL
11.0	13 g 氯化铵,加 207 mL 浓氨水,用水稀释至 500 mL
12.0	氢氧化钠(0.01 mol/L)
13.0	氢氧化钠(0.1 mol/L)

②常用酸碱溶液的配制

常用酸碱溶液的配制见表2.8和表2.9。

表2.8　常用酸溶液的配制

名　称 （分子式）	相对 密度	质量 分数	近似物 质的量 浓度/ （mol· L^{-1}）	配制溶液的浓度 /（mol· L^{-1}）				配制方法
				6	2	1	0.5	
				配制 1 L 溶液所需的 毫升数/mL				
盐　酸 （HCl）	1.18~1.19	36~38	12	500	167	83	42	量取所需浓酸加水稀 释成 1 L
硫　酸 （H_2SO_4）	1.83~1.84	95.0~98.0	36	167	56	28	14	量取所需浓酸在不断 搅拌下缓慢加入适量水 中,冷却后加水至 1 L
磷　酸 （H_3PO_4）	1.69	85	45	116	36	18	9	量取所需浓酸加入适 量水中,稀释至 1 L
硝　酸 （HNO_3）	1.39~1.406	65.0~68.0	15	381	128	64	32	量取所需浓酸加水稀 释成 1 L
乙　酸 （CH_3COOH）	1.05	99.9	17	353	118	59	30	量取所需浓酸加入适 量水中,稀释至 1 L
高氯酸 （$HClO_4$）	1.68	90	12	500	167	83	42	量取所需浓酸加入适 量水中,稀释至 1 L
氢氟酸 （HF）	1.13	40	22.5	206	69	35	18	量取所需浓酸加入适 量水中,稀释至 1 L
氢溴酸 （HBr）	1.49	47.0	9	667	222	111	56	量取所需浓酸加入适 量水中,稀释至 1 L

表2.9 常用碱溶液的配制

名称 （分子式）	配制溶液的浓度				配制方法
	6 mol/L	2 mol/L	1 mol/L	0.5 mol/L	
	配制1 L溶液所需的质量（体积）/g（mL）				
氢氧化钠 （NaOH）	240	80	40	20	称取所需试剂,溶解于适量水中,不断搅拌,注意溶解时发热,冷却后用水稀释成1 L
氢氧化钾 （KOH）	339	113	56.5	28	称取所需试剂,溶解于适量水中,不断搅拌,注意溶解时发热,冷却后用水稀释成1 L
氨 水 （NH_4OH）*	（400）	（134）	（77）	（39）	量取所需浓氨水,加水配成1 L
氢氧化钡 [$Ba(OH)_2 \cdot 8H_2O$]	饱和溶液的浓度约为0.4 mol/L,配制 0.1 mol溶液所需试剂为15.78 g				配成饱和溶液,或称取适量固体加水配成一定体积
氢氧化钙 [$Ca(OH)_2$]	饱和溶液的浓度约为0.4 mol/L				配成饱和溶液

注:氨水密度0.90~0.91 g/mL,含$NH_3$28.0%（质量分数）,近似物质的量浓度15 mol/L。

（2）标准缓冲溶液的配制

配制标准缓冲溶液必须采用标定 pH 值的试剂和20 ℃时电导率不超过2×10^{-6} s/cm的蒸馏水。

用于配制标准缓冲溶液的试剂应在恒温器中于下列温度下干燥至恒温:四草酸钾为（57±2）℃;邻苯二甲酸氢钾为（110±5）℃;磷酸二氢钾为（120±5）℃;四硼酸钠只能在室温下（35 ℃以下）放在干燥器内干燥;酒石酸氢钾不必预先干燥即可使用。

标准缓冲溶液的配制方法见表2.10。

表2.10 标准缓冲溶液的配制方法

名 称	配制方法
草酸盐标准 缓冲溶液	称取 12.71 g 四草酸钾[$KH_3(C_2O_4)_2 \cdot 2H_2O$]溶于无二氧化碳的水中,稀释至1 000 mL
酒石酸盐标准 缓冲溶液	在25 ℃时,用无二氧化碳的水溶解外消旋的酒石酸氢钾（$KHC_4H_4O_6$）,并剧烈振摇成饱和溶液

续表

名　称	配制方法
苯二甲酸氢盐标准缓冲溶液	称取于(115.0±5.0)℃干燥2~3 h 的邻苯二甲酸氢钾(KHC$_8$H$_4$O$_4$)10.21 g,溶于无 CO$_2$ 的蒸馏水,并稀释至1 000 mL
磷酸盐标准缓冲溶液	分别称取在(115.0±5.0)℃干燥2~3 h 的磷酸氢二钠(Na$_2$HPO$_4$)(3.53±0.01)g 和磷酸二氢钾(KH$_2$PO$_4$)(3.39±0.01)g,溶于预先煮沸过15~30 min 并迅速冷却的蒸馏水中,并稀释至1 000 mL
硼酸盐标准缓冲溶液	称取硼砂(Na$_2$B$_4$O$_7$·10H$_2$O)(3.80±0.01)g(注意:不能烘!),溶于预先煮沸过15~30 min 并迅速冷却的蒸馏水中,并稀释至1 000 mL。置聚乙烯塑料瓶中密闭保存。存放时要防止空气中的 CO$_2$ 的进入
氢氧化钙标准缓冲溶液	在25 ℃,用无二氧化碳的蒸馏水制备氢氧化钙的饱和溶液。氢氧化钙溶液的浓度 $c[1/2Ca(OH)_2]$ 应为0.040 0~0.041 2 mol/L

4)溶液的保存

经常且大量使用的溶液,可先配成储备液保存,使用时再将储备液稀释到所需浓度。易挥发、易分解的溶液,应盛放在棕色瓶中,放在阴凉暗处,避光保存。配好的溶液装瓶后,应立即贴上标签,并标明溶液名称、浓度及配制日期。不同的溶液性质不同,保存的有效期也不同,过期的保存溶液应弃之不用。

2.5　称量仪器的使用

环境监测实验中最常用的称量仪器是天平。天平的种类很多,在此仅介绍实验室常用的托盘天平和电子天平。

2.5.1　托盘天平

托盘天平一般能准确称量至0.1 g,如图2.13所示。托盘天平的称量范围不等,但都用砝码和标尺上的游码来计量。称量前,先把指针调至中间位置(调节托盘下面的螺丝),该位置称为托盘天平的零点。称量时,将被称物置于左盘上,选择质量合适的砝码(根据指针在刻度盘中间左右摆动的情况而定)放在右盘上,再用游码调节至指针正好停在刻度盘中间位置,这时指针所停的位置为天平的停点(零点与停点之间允许偏差1小格以内)。读取此时的砝码加游码的质量,即为被称物的质量。托盘天平能迅速称量物体的质量,但准确度不高。称量完毕时应将游码拨到"0"位处,砝码放回盒内。

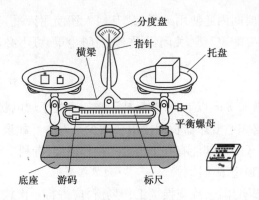

图 2.13 托盘天平

2.5.2 电子天平

1) 电子天平简介

电子天平是高精度的电子测量仪器,可以准确的测量到 0.000 1 g。与其他种类的天平不同,电子天平其称量依据都是电磁力平衡原理。其特点是称量准确可靠,显示快速清晰且具有自动检测系统、简便的自动校准装置和超载保护等装置。电子天平的结构包括秤盘、传感器、位置检测器、PID 调节器、功率放大器、低通滤波器、模数转换器、微计算机、显示器、机壳、水平仪和底脚。电子天平通常只使用开/关键、除皮/调零键和校准/调整键。

各种电子天平都有相应的使用方法,在使用前一定要详细阅读使用说明书。一般电子天平的开机、通电预热、校准均应由实验室工作人员负责完成。

2) 电子天平的操作

操作前检查

安装和调节水平:将天平放置在操作位置,开机前,应观察天平后部水平仪内的水泡是否位于圆环的中央,否则通过天平的地脚螺栓调节,左旋升高,右旋下降。

预热:天平在初次接通电源或长时间断电后开机时,至少需要 30 min 的预热时间。因此,实验室电子天平在通常情况下,不要经常切断电源(通过开/关键关闭显示时,此时天平处于待机状态,电子元件始终保持通电状态,无须预热)。

(1)操作顺序

插好 AC 适配器,接通电源。接通电源后,天平自动进行调整灵敏度。等显示不闪烁后,按下"POWER"键,所有显示灯亮,显示 g(克),再次按下"POWER"键,进入待机(设备预热)状态,至少预热 1 h;待天平稳定后,再进行灵敏度调整,即先按"CAL"键,再按"O/T"键,出现砝码标志,天平进入灵敏度调整。

物体称量,待显示稳定后,显示为 0.000 0 g,轻轻划开称量室的玻璃门,将待称物放在称量盘上,关上玻璃门。显示稳定后,读取显示值。若使用容器时,先将容器放到称量盘上,关好玻璃门,待显示稳定后按"O/T"键。作为稳定目标的稳定标志→灯亮,显示零;再打开玻璃门,将称量的物品放入容器内,关闭玻璃门,显示稳定后,读取显示值。

称量完毕后,若较短时间内还使用天平(或其他人还使用天平),则暂时不关闭天平。若长时间不使用天平,按"POWER"键,关闭天平,盖上防尘罩,可不必切断电源,再用时可省去预热时间。

(2)注意事项

①首先通电必须预热30 min以上,平时保持天平一直处于通电状态;不用时,按"POWER"键关机,不要拔电源,不必担心变压器长期使用会减少其寿命。如果一天要多次使用,最好让天平整天开着,这样电子天平内部能有一个恒定的操作温度,有利于称量的准确性。

②关上侧门,待数值稳定了再读数。

③如果天平长时间没有用过,或变换了工作场所,应进行一次校准。此外,环境温度发生变化,以及每连续工作4 h后,推荐重新校正一次(指0.1 mg精度以上的天平)。校准要在天平通电预热30 min以后进行。

④电子天平的体积较小、质量较轻,容易被碰移动而造成水平改变,影响称量结果的准确性。所以应特别注意使用时动作要轻缓,防止开门及放置被称物时动作过重,并应时常检查水平是否改变,注意及时调整水平。不要让粉粒等异物进入中央传感器孔。

⑤使用后应及时清扫天平内外,不要让粉粒等异物进入中央传感器孔,定期用酒精擦洗称盘及防护罩,以保证玻璃门正常开关。

⑥天平长时间不使用时,称量室的玻璃门可稍微打开,可防止产生温度差。

⑦远离空调的吹风口。避免气流和温度差对测定产生不稳定。

⑧称量物品时,戴好棉质手套,避免对称量结果造成误差。

⑨药品不能直接放在天平盘上称量。当称量固体粉末时,先将洁净干燥的称量瓶或称量纸放于称盘的中心(以免产生偏载误差),按清零键除去皮重,然后将粉末倒入称量瓶或称量纸中,准备读数。

⑩当称量液体时,须预先估测容器质量,选择适宜的量程,勿超载称量。如称重液体具有挥发性,宜用配有塞子的长颈量瓶,量瓶中预先加有适量的难挥发性溶剂。将量瓶放于称盘的中心,按清零键除去皮重,将量瓶从天平上取下,用适宜的方法加入称重液体,盖紧塞子,再将量瓶放于称盘的中心,准备读数。

⑪从干燥箱或冰箱取出样品,要待样品温度与天平室温度一致后,再进行称量。

⑫磁性材料不要放在天平附近。

3)电子天平的日常维护

①用软毛刷去除称量盘及称量室内任何物质,保持称量室内清洁。

②尽量使用小的称量容器,避免超载。

③称量结束后,及时移去载荷,并清零。

④清洁之前,使天平处于待机状态,拆下秤盘等可移动部件。

⑤不要将污染物引入天平缝隙中,影响天平传感器的灵敏度。

⑥天平不用时应盖上防尘罩。

2.6 实验室的环境条件

环境监测实验室必须提供相应的实验环境,具体应做到:

①办公环境应与实验环境分开,以确保良好实验条件。

②实验室的高压气瓶应按要求存放,保持良好的通风并避免阳光直射。

③实验室需要恒温(20～25 ℃)、恒湿(相对湿度65%～85%)、无尘、无振动、通风良好,电源电压变动应在±10%内,要求有足够的负荷量。

④实验室通道、门口不能堆放任何杂物。

2.7 实验室的安全与管理

2.7.1 实验室的安全

在进行环境监测实验时,经常用到腐蚀性的、易燃的、易爆炸的或有毒的化学试剂,大量使用易损的玻璃仪器和某些精密分析仪器,同时还会使用各种热电设备、高压或真空等器具和燃气、水电等。如果不按规则操作,就有可能造成中毒、火灾、爆炸、触电等事故。因此,为确保实验的正常进行和实验人员的安全,必须严格遵守实验室的安全规则。

①必须了解和熟悉实验的环境,要熟悉安全用具,如灭火器、灭火毯、沙桶及急救管的放置地点、使用方法,并经常检查,妥善保管。

②绝对禁止在实验室内饮食、吸烟。一切化学药品禁止入口。养成实验完毕洗手后再离开实验室的习惯。

③水、电、燃气等使用完毕后,应立即关闭。离开实验室时,应仔细检查水、电、燃气、门、窗是否均已关好。

④实验室内的药品严禁任意混合,以免发生意外事故。注意试剂、溶剂的瓶盖、瓶塞不能互相混淆使用。

⑤使用电器设备时,应特别细心,切不可用湿润的手去开启电闸和电器开关。禁止使用有漏电嫌疑的仪器设备。

⑥任何试剂瓶和药品瓶要贴有标签,注明药品名称、浓度、配制日期等。剧毒药品必须严格遵守保管和使用制度。倾倒试剂时,手掌要遮住标签,以保证标签的完整。试剂一经倒出,严禁倒回。

⑦禁止用手直接取用任何化学药品,使用毒物时除用药匙、量器外,必须佩戴橡皮手套,原则上应避免药品与皮肤接触,实验后应马上清洗仪器用品,立即用肥皂洗手。

⑧浓酸浓碱具有强烈的腐蚀性,切勿溅在皮肤和衣服上。使用浓硝酸、盐酸、高氯酸、氨水时,均应在通风橱中操作。

⑨为了防止火灾的发生,应避免在实验室中使用明火。大量的易燃品(如溶剂)不要放在

实验台附近。实验台上要整齐、清洁,不得放与本次实验无关的仪器和药品。不要把食品放在实验室,禁止赤脚穿拖鞋。

⑩不要一个人单独在实验室里工作,同事(或同学)在场可以保证紧急情况下互相救助。一般不应把实验室的门关上。

2.7.2 实验室的管理

实验者进入实验室必须遵守以下规则:

①牢固树立"安全第一"的思想,时刻注意实验室安全。熟悉安全设施及存放位置,安全用具不得挪作他用。

②实验前必须做好预习工作,明确实验的目的、原理、要求、步骤,特别是要了解每个实验环节(或步骤)的目的和注意事项,写好预习报告。

③实验中严格遵守操作规程,认真观察实验现象,忠实记录。所用药品不得随意丢弃和散失。

④实验过程中始终保持实验台面、地面和公用实验台面的整洁。仪器应排列整齐,废纸屑应投入废纸箱内,废酸、废碱应倒入指定的废液缸内,水槽内应始终保持干净。

⑤实验时公用的仪器和试剂,用后应立刻归还原处,切不可随意乱放,要注意节约试剂,切不可浪费。

⑥爱护仪器,节约药品,节约使用水、电、燃气。严防水银及毒物流失污染实验室,破损温度计及发生意外事故要及时报告,在教师指导下,采取应急措施,妥善处理。严禁把废酸、废碱和固体物质倒入水槽。损坏仪器、设备应如实说明情况,按规定予以赔偿。

⑦在使用不熟悉性能的仪器和药品时,应查阅有关书籍或请教指导教师,不要随意进行实验,以免损坏仪器,更重要的是预防发生意外事故。

⑧实验时应严格遵守操作程序及注意事项,执行一切必要的安全措施,保证实验安全进行。实验室内应始终保持安静,严禁大声喧哗。

⑨实验结束,需将实验记录交教师审阅、签字。应实事求是地记录实验结果与数据,不得任意修改、伪造或抄袭他人实验结果。

⑩实验完毕,整理好仪器和药品,清理实验环境,关好水、电、燃气开关,作好实验室的整理工作。经检查合格,方可离开实验室。

3

环境监测实验的基本操作

环境监测实验同其他实验一样,所进行的复杂操作是由两个或更多的基本操作组成,除了要对实验室的相关基础内容进行掌握,对仪器、操作也需要一个详细全面的了解。本章简单介绍环境监测实验过程中常用的基本操作,如溶解、过滤、蒸馏、萃取、加热等。

3.1 溶 解

3.1.1 溶解的基本概念

通常在加热条件下,将水、酸、碱等溶剂加入固态或其他物理形态复杂的样品(如土壤、底质、污泥、固体废弃物)中,经物理作用、酸碱作用、氧化还原作用、络合作用等,可使样品转化为单相溶液状态,这就是溶解法。

3.1.2 溶解的仪器

溶解操作通常在烧杯中进行。另外,为了加快溶解,可使用玻璃棒或电子搅拌器进行搅拌。

3.1.3 溶解的实验操作

溶解的操作过程,如图3.1所示。

(1)称量

根据不同的要求选用托盘天平或电子天平对待溶解的物质进行称量,称量过程中要注意待溶解物质的特性,如果是吸水性强的物质,称量时需要在干燥的环境下进行。

(2)加溶液溶解

环境监测的实验过程中,溶剂不止局限于水,但是水依

图3.1　溶解的操作过程

然是公认的常用的溶剂之一。针对不同的溶质的性质,选用相应的溶剂。通常认为,有机溶质更易溶解于有机溶剂中,而无机溶质易溶解于水中。

(3)搅拌均匀

搅拌一般具有两个作用:一是加快溶解速度;二是使溶解得更加充分。通常用的搅拌仪器主要有玻璃棒、电子搅拌器等。使用不同的仪器应注意相应仪器的操作规范,搅拌过程不宜太剧烈。

3.2 过 滤

3.2.1 过滤的基本概念

过滤是固液分离最常用的操作,它是借助于过滤器,使过滤物中的溶液部分通过过滤器进入接受器,固体沉淀物(或晶体)部分则留在过滤器上。过滤的方法有常压过滤、减压过滤和热过滤等。其中减压过滤速度快,沉淀抽得较干,因此下面主要介绍常压过滤和减压过滤。

3.2.2 过滤的仪器

过滤操作常用的仪器主要有锥形瓶或烧杯、漏斗、玻璃棒、铁架台、滤纸,减压过滤操作中还需真空泵、橡胶管等。

3.2.3 过滤的实验操作

1)常压过滤的实验操作

(1)准备

将仪器按照如图 3.2 所示进行安装,完毕后将叠好的滤纸按三层一层比例将其撑开呈圆锥状放入漏斗中,加少量蒸馏水润湿滤纸,轻压滤纸赶走气泡。

(2)过滤

过滤时,置漏斗于漏斗架上,漏斗颈与接收容器紧靠,用玻璃棒贴近三层滤纸一边,首先沿玻璃棒倾入沉淀上层清液,一次倾入的溶液一般最多只充满滤纸的2/3,以免少量沉淀因毛细作用越过滤纸上沿而损失。倾析完成后,在烧杯内将沉淀用少量洗涤液搅拌洗涤,静置沉淀,再如上法倾出上清液,如此 3 ~ 4 次。

(3)洗涤沉淀

从滤纸边沿稍下部位开始,用洗瓶吹出的水流,按螺旋形向下移动。并借此将沉淀集中到滤纸锥体的下部。洗涤时应注意,切勿使洗涤液突然冲在沉淀上,这样容易溅失。

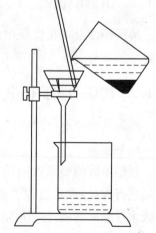

图 3.2 常压过滤装置

2)减压过滤的实验操作

①按图 3.3 安装好过滤装置。注意将布氏漏斗插入吸滤瓶时,漏斗下端的斜面要对着抽滤瓶侧面的支管,以便吸滤。

②将裁剪好的滤纸放入布氏漏斗中,以全部覆盖漏斗小孔为准。用少量蒸馏水湿润滤纸,开动水泵,滤纸便吸附到漏斗上。

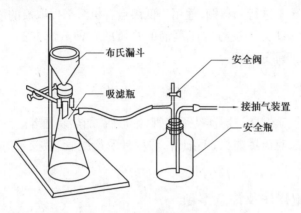

布氏漏斗

吸滤瓶

安全阀

接抽气装置

安全瓶

图 3.3 减压过滤装置

③将要过滤的混合物倒入布氏漏斗上进行过滤。过滤时,也可采用倾泻法,即先将上层清液过滤后再转移沉淀。抽滤过程中要注意:溶液加入量不得超过漏斗总容量的 2/3;抽滤瓶中的滤液要在其支管以下,否则滤液将被水泵抽出;不得突然关闭水泵,如欲停止抽滤,应先将抽滤瓶支管上的橡皮管拔下,再关水龙头,否则水将倒灌入安全瓶中。

④洗涤沉淀时,先拔下抽滤瓶上的橡皮管,关上水龙头,加入洗涤液湿润沉淀,同时用玻璃棒搅动沉淀,使之与洗涤液充分接触,再开动水泵抽滤至干。重复上述操作,洗至达到要求为止。

⑤抽滤结束后,应先将抽滤瓶上的橡皮管拔下,关闭水龙头,再取下漏斗倒扣在清洁的滤纸或表面轻轻敲打漏斗边缘,或用洗耳球向漏斗下口吹气,使滤饼脱离漏斗而倾在滤纸或表面皿上。

⑥将滤液从抽滤瓶的上口倒入洁净的容器中,不可从侧面的支管倒出,以免污染滤液。

3.3 蒸 馏

3.3.1 蒸馏的基本概念

液态物质受热沸腾化为蒸气,蒸气经冷凝又转变为液体,这个操作过程就称为蒸馏。蒸馏是基于气液平衡的原理将组分分离,是纯化和分离液态物质的一种常用方法。液体混合物中不同组分具有不同的挥发度,即在同温度下各自的蒸气压不同。因此,在水样中加试剂使欲测组分形成挥发性的化合物,并将水样加热至沸腾,然后使生成的蒸气冷凝,用接收液吸收,即可达到欲测组分与样品中干扰物质分离的目的。不过,只有当组分的沸点相差在 30 ℃ 以上时,蒸馏才有较好的分离效果。蒸馏的优点是沾污危险小,操作简便。

蒸馏法可用于浓集水样中易挥发组分。将水样置于蒸馏烧瓶中加热至沸腾,水样中易挥发组分被蒸气携带,通过冷凝管而转入冷凝液。而在转为蒸馏残液的原水样中,则富含难挥发的干扰物。

目前常用的蒸馏方法主要有两种:一种是常压蒸馏,另一种是减压蒸馏。

常压蒸馏即在常压下进行的蒸馏,适用于低沸点有机溶剂提取液的浓缩回收。

减压蒸馏是针对一些无法进行常压蒸馏的物质的一种蒸馏方法,主要由蒸馏、抽气(减压)、安全保护和测压四部分组成。

3.3.2 蒸馏的仪器

常压蒸馏:温度计、蒸馏瓶、冷凝管、承接管、锥形瓶、加热装置等。

减压蒸馏:蒸馏瓶、克氏蒸馏头、毛细管、温度计及冷凝管、接受器、减压泵、安全瓶、测压计等。

3.3.3 蒸馏的实验操作及注意事项

蒸馏装置主要包括蒸馏烧瓶、冷凝管和接受器三大部分,可以买到全玻璃成套蒸馏装置,也可以自己组装。下面分别介绍常压蒸馏和减压蒸馏的操作方法。

1)常压蒸馏操作及注意事项

(1)操作过程

①组装:按图 3.4 组装仪器。

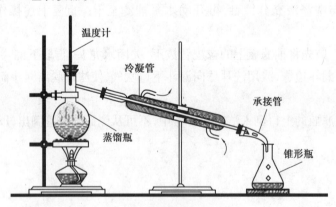

图 3.4　常压蒸馏装置

②加料:通过玻璃漏斗,将待蒸馏液体小心地倒入蒸馏瓶,加入几粒沸石并塞上带温度计的橡皮塞。

③调整仪器,接通冷凝水,检查仪器各连接处是否紧密,不漏气。

④加热:选择合适的热浴,最初用小火,慢慢增大火力加热。

⑤蒸馏:等待到沸腾后,调小火焰或调节加热电炉的电压,使加热速度略为下降,调节加热

速度,使蒸馏以每秒钟蒸出 1~2 滴的速度进行。

⑥记录及整理:当所需沸程的液体都蒸出后,记下此温度。停止加热,撤去热浴,按安装仪器的相反顺序拆除仪器。

(2)注意事项

①在加料过程中,切勿将待蒸馏液体倒入蒸馏烧瓶的支管内,以免污染馏液。

②在加热过程中,加热时切勿对未被液体浸盖的蒸馏烧瓶壁加热,否则沸腾的液体将产生过热蒸气,使温度计所示温度高于沸点温度。

③在蒸馏过程中,蒸馏速度不能太慢,否则水银球周围的蒸气会短时间中断,致使温度指示发生不规则的变动,影响读数的准确性。蒸馏速度也不宜太快,否则温度计响应较慢,同样也易使读数不准确;同时由于蒸气带有较多的微小液滴,会使馏出液组成不纯。若馏出液的沸点较低,为避免挥发应将接收容器放在冷水浴或冰水浴中冷却。

④蒸馏结束后,为防止温度计因骤冷发生炸裂,拆下的热温度计不要直接放在桌面上,而应放在石棉网上。

2)减压蒸馏操作及注意事项

(1)操作过程

①前处理:如果被蒸馏物中含有低沸点杂质,应先进行常压蒸馏,以除去低沸点物质。

②按图3.5 所示组装仪器。加料将待蒸馏的液体通过玻璃漏斗加到克氏蒸馏瓶中。液体的量不要超过克氏蒸馏瓶容积的 1/2。

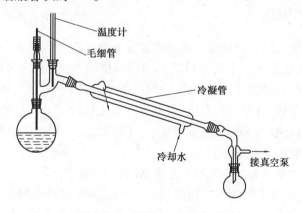

图3.5 减压蒸馏装置

③调整仪器塞上带有毛细管的塞子使仪器各部位连接紧密。

④减压:旋紧螺旋夹,打开安全瓶上的二通活塞开泵抽气。

⑤检漏:逐渐关闭二通活塞,同时从压力计上观察系统所能达到的真空度。另外,检查系统各连接处是否漏气。

⑥调压:如果超过所需真空度,可小心调节二通活塞,使少量空气进入。调节螺旋夹,使液体中有连续平稳的小气泡冒出,然后接通冷凝水。

⑦加热:选择合适的热浴,开始加热。调节浴液温度,比蒸馏液体的沸点高 20~30 ℃。热浴方式应根据减压状态下,物质沸点在 100 ℃ 以下的,采用沸水浴;沸点在 100~250 ℃

的,采用油浴;沸点更高的,可采用砂浴,或者在克氏蒸馏瓶下放置一块石棉网,直接用火加热。

⑧蒸馏:调小火焰或调节加热电炉电压,使加热速度略微下降,调节加热速度使蒸馏以每秒钟蒸出 1~2 滴的速度进行。

⑨记录及整理:记下第 1 滴馏出液的温度和压力,接收前馏分,同时观察压力和温度的变化。当达到所需馏分的沸点温度时,转动多尾接液管,换另外一个容器接收,记下此时的温度和压力。

(2)注意事项

①蒸馏速度不能太慢,否则水银球周围的蒸气会短时间中断,致使温度指示发生不规则的变化,影响读数的准确性;蒸馏速度也不能过快,否则温度计响应较慢,同样也易使读数不准确,同时由于蒸气带有较多的液体飞沫,会使馏出液组成不纯。

②在整个蒸馏过程中,要密切注意温度和压力的变化,以防漏气。

③克氏蒸馏瓶的圆球部位至少应有 2/3 浸入浴液中,以保证受热均匀。

④加热时切勿对未被液体浸盖的烧瓶壁或烧瓶颈加热,否则沸腾的液体将产生过热蒸气,使温度计所示温度高于沸点温度。无论何时,都不要使蒸馏瓶蒸干,以防意外。

3.4 萃 取

3.4.1 萃取的基本概念

溶剂萃取法是环境监测中比较常用的分离和富集方法之一。在水样中,加入与水不相溶的有机溶剂,利用待测成分在水中和有机溶剂中溶解度的差别,使待测成分被有机溶剂所萃取,从而达到分离的目的。此法简便、快速,应用广泛,既可用于大量元素的萃取分离,更适用于痕量元素的分离和富集;既可分离有机物,也可分离无机物。分离后的组分测定也很方便,被萃取组分可进行直接测定(如用分光光度法、原子吸收法、气相色谱法等),或蒸去有机溶剂后再测定(如发射光谱法、电化学法)。

常用的萃取操作主要分为间歇萃取和连续萃取。

间歇萃取多在分液漏斗内进行。利用与水互不相溶的有机溶剂与水样一起振荡,绝大部分待测物即可进入有机相。萃取率的高低取决于被萃取物在两相中分配比的差异。若经一次萃取不能达到预期的要求,可做两次或多次萃取。间歇萃取的优点是简单易行,不需要复杂的仪器,应用范围广,经常用于痕量金属元素或痕量有机物的富集和测定。缺点是溶剂用量多,挥发性有机物在萃取过程中损失大,由于溶剂用量多,容易将溶剂中的杂质带入样品。

在萃取过程中循环一定量的萃取剂保持其体积基本不变的萃取方法称为连续萃取法。这种方法可用于固态或液态样品的萃取。

3.4.2 萃取的仪器

分液漏斗或连续液-液萃取器、烧杯、铁架台等。

3.4.3 萃取的实验操作

间歇萃取装置如图3.6所示,主要萃取装置为分液漏斗。连续萃取装置如图3.7所示,主要萃取装置为连续液-液萃取器。

萃取的操作步骤如下:

①准备:选择比萃取和被萃取溶液总体积大1倍以上的分液漏斗。检查分液漏斗的盖子和旋塞是否严密。

②加料:将被萃取溶液和萃取剂分别由分液漏斗的上口倒入,盖好盖子。萃取剂的选择要根据被萃取物质在此溶剂中的溶解度而定,同时要易于和溶质分离开,最好用低沸点溶剂。一般水溶性较小的物质可用石油醚萃取;水溶性较大的可用苯或乙醚;水溶性极大的用乙酸乙酯。

③振荡:振荡时应按住玻璃塞,经常倒转分液漏斗使管颈朝上并打开漏斗活塞以平衡内部气压,分析大批样品时,可使用振荡器。萃取振荡的时间必须严格遵守实验项目操作步骤中所规定的时间。

④静置:萃取振荡后,将分液漏斗放在台架上静置,有时可轻轻碰一下分液漏斗的侧壁,使附着在两层界面或器壁上的有机溶剂微粒聚积合并而易于分层,也可以加入几滴适宜的溶剂(如丙酮、乙醇、苯等)以降低水的表面张力促进分层。

⑤分离:打开分液漏斗顶塞,用滤纸卷成小筒吸去下管内壁上附着的水珠,慢慢转动活塞,将两相分离。

⑥合并:萃取液分离出的被萃取液再按上述方法进行萃取,一般为3~5次,将所有萃取液合并,加入适量的干燥剂进行干燥。

⑦蒸馏:将干燥了的萃取液加入蒸馏瓶中,蒸去溶剂,即得到萃取产物。

图3.6 间歇萃取装置

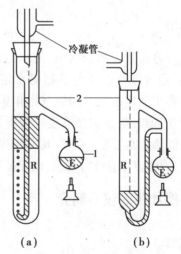

图3.7 常用连续萃取器
1—烧瓶;2—储液器

3.5 加 热

3.5.1 基本概念

加热是指热源将热能传给较冷物体而使其变热的过程。根据热能的获得,可分为直接的和间接两类。直接热源加热是将热能直接加于物料;间接热源加热是将上述直接热源的热能加于一中间载热体,然后由中间载热体将热能再传给物料。加热能使反应加速进行。通常,反应温度每提高 10 ℃,反应速度会相应的增加一倍。

3.5.2 加热方式简介

加热方式有空气浴、水浴、水蒸气浴、油浴、沙浴、金属浴等。这里主要介绍环境监测实验室中常用的空气浴和水浴。

1)空气浴

直接利用煤气灯隔着石棉网对玻璃仪器加热即为空气浴。玻璃仪器离石棉网约 1 cm,使中间间隙因石棉网下的火焰而充满热空气。这种加热方式较为猛烈,由于火焰的特性,使得加热不十分均匀,因而不适合于低沸点易燃液体的回流操作,也不能用于减压蒸馏操作。空气浴常用的仪器除煤油灯外,还有电加热套、酒精灯等。加热过程中需要回流装置,如图 3.8 所示。

出水

进水

水浴

2)水浴

将反应容器置于水浴锅中,使水浴液面稍微高出反应容器
内的液面,通过煤气灯或电热器对水浴锅进行加热,使水浴温 **图3.8　水浴加热装置**
度达到所需的温度范围。与空气浴相比,水浴加热更为均匀,温度易于控制,适合于低沸点物质的回流加热,但是加热速度较为缓慢。

如果加热温度接近 100 ℃,可采用沸水浴或水蒸气浴,但需要注意的是,加热过程中,水会不断蒸发,因而要注意及时加水,以保证不干烧。

3.5.3 能加热的仪器简介

1)试管

用来盛放少量药品、常温或加热情况下进行少量试剂反应的容器,可用于制取或收集少量气体。

2）烧杯

用作配制溶液和较大量试剂的反应容器,在常温或加热时使用。

3）烧瓶

用于试剂量较大而又有液体物质参加反应的容器,可分为平底烧瓶、圆底烧瓶和蒸馏烧瓶,它们都可用于装配气体发生装置。蒸馏烧瓶用于蒸馏以分离互溶的沸点不同的物质。

4）蒸发皿

用于蒸发液体或浓缩溶液。

5）坩埚

主要用于固体物质的高温灼烧。

3.6 滴 定

3.6.1 滴定的基本概念

滴定是一种化学实验操作,也是一种定量分析的手段。它通过两种溶液的定量反应来确定某种溶质的含量。滴定过程需要一个定量进行的反应,此反应必须能完全进行,且速率要快,也就是平衡常数、速率常数都要较大。而且反应还不能有干扰测量的副产物,副反应更是不允许的。

在两种溶液的滴定中,已知浓度的溶液装在滴定管里,未知浓度的溶液装在下方的锥形瓶里。通常把已知浓度的溶液称为标准溶液,它的浓度是与不易变质的固体基准试剂滴定而测得的。反应停止时,读出用去滴定管中溶液的体积,即可用公式算出浓度。

3.6.2 滴定的仪器

酸式滴定管、碱式滴定管、锥形瓶、烧杯等。

3.6.3 滴定的基本操作方法及注意事项

进行滴定时,应将滴定管垂直地夹在滴定管架上,无论使用哪种滴定管,都不要用右手操作,右手用来摇动锥形瓶。

使用酸管时,左手无名指和小指向手心弯曲,轻轻地贴着出口管,用其余三指控制旋塞的转动[见图3.9(a)]。但应注意不要向外拉旋塞,同时手心离旋塞末端应有一定的距离,以免使旋塞移位而造成漏液。一旦发生这种情况,应重新涂油。使用碱管时,左手无名指及小拇指夹住出口管,拇指与食指在玻璃球所在部位往一旁(左右均可)捏乳胶管,使溶液从玻璃球旁空隙处流出。

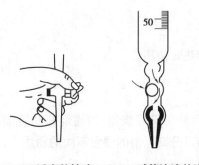

(a) 活塞的转动　　(b) 碱管溶液的流出

图 3.9　滴定操作

在烧杯中滴定时不能摇动烧杯,应将烧杯放在白瓷板上,调节滴定管的高度,使滴定管下端深入烧杯中心约 5 cm,以防溶液溅出,但不要靠壁太近。右手持玻璃棒在右前方搅拌溶液。在左手滴加溶液的同时,搅拌棒应做圆周运动,但不得接触烧杯壁和底部。当加半滴溶液时,用搅拌棒下端承接悬挂的半滴溶液,放入溶液中搅拌。滴定过程中,玻璃棒上沾有溶液,不能随便拿出。

滴定结束后,滴定管内剩余的溶液应弃去,不得将其倒回原试剂瓶中,以免沾污整瓶操作溶液。随即洗净滴定管,倒挂在滴定管架台上备用。

装入或放出溶液后,必须等 1~2 min,使附着在内壁上的溶液流下来,再进行读数。每次读数前要检查一下管壁是否挂水珠,管尖是否有气泡。读数时用手拿滴定管上部无刻度处,使滴定管保持自由下垂。对于无色或浅色溶液,应读取弯月面下缘最低点。读数时视线在弯月面下缘最低点处,且与液面成水平(见图 3.10);溶液颜色太深时,可读液面两侧的最高点。无论哪种读数方法,都应注意初读数与终读数采用同一读数视线的位置标准。

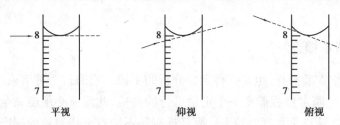

平视　　　　　仰视　　　　　俯视

图 3.10　读数时的视线

读取滴定前刻度数时,应将滴定管尖悬挂着的溶液除去。

滴定至终点时,应立即关闭旋塞,不要使滴定管中溶液有稍微流出,否则会带来较大的误差。

注意事项如下:

①不要用力捏玻璃球,也不能使玻璃球上下移动,不要捏到玻璃球下部的乳胶管,以免在管口处带入空气。用锥形瓶或烧杯承接滴定剂。在锥形瓶中进行滴定时,用右手前三指拿住瓶颈,使瓶底离瓷板 2~3 cm,同时调节滴定管的高度,使滴定管的下端伸入瓶口约 1 cm。左手滴加溶液,右手运用腕力(注意:不是用胳膊晃动)摇动锥形瓶,边滴边摇(见图 3.11)。

②摇瓶时,应使溶液向同一方向做圆周运动(左右旋转均可),但勿使瓶口接触滴定管,溶液也不得溅出。

③滴定时,左手不能离开活塞任其自流。

④注意观察溶液落点周围溶液颜色的变化。

⑤开始时,应边摇边滴,滴定速度可稍快,但不能流成"水线"。接近终点时,应改为加一滴,摇几下。最

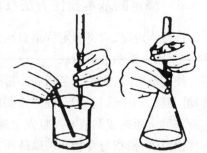

图 3.11　滴定时两手手势

后,每加半滴溶液就摇动锥形瓶,直至溶液出现明显的颜色变化。加半滴溶液的方法如下:微微转动活塞,使溶液悬挂在出口管嘴上,形成半滴,用锥形瓶内壁将其沾落,再用洗瓶以少量蒸馏水吹洗瓶壁。用碱管滴加半滴溶液时,应先松开拇指和食指,将悬挂的半滴溶液沾在锥形瓶内壁上,再放开无名指与小指。这样可以避免出口管尖出现气泡,使读数造成误差。

⑥每次滴定最好都从 0.00 开始(或从零附近的某一固定刻度线开始),这样可以减小误差。

⑦滴定结束后,弃去滴定管内剩余的溶液,洗净滴定管,并用蒸馏水充满全管,备用。

监测实验数据处理

4.1 有效数字及近似计算

4.1.1 有效数字的表达

有效数字用于表示测量数字的有效意义。指测量中实际能测得的数字,由有效数字构成的数值,其倒数第二位以上的数字应是可靠的(确定的),只有末位数是可疑的(不确定的)。对有效数字的位数不能任意增删,具体规则如下:

①由有效数字构成的测定值必然是近似值,因此,测定值的运算应按近似计算规则进行。

②数字"0",当它用于指小数点的位置,而与测量的准确度无关时,不是有效数字;当它用于表示与测量准确程度有关的数值大小时,即为有效数字。这与"0"在数值中的位置有关。

③一个分析结果的有效数字的位数,主要取决于原始数据的正确记录和数值的正确计算。在记录测量值时,要同时考虑到计量器具的精密度和准确度,以及测量仪器本身的读数误差。对检定合格的计量器具,有效位数可记录到最小分度值,最多保留一位不确定数字(估计值)。以实验室最常用的计量器具为例:

a.用天平(最小分度值为 0.1 mg)进行称量时,有效数字可记录到小数点后面第四位,如 1.223 5 g,此时有效数字为 5 位;称取 0.945 2 g,则为 4 位。

b.用玻璃量器量取体积的有效数字位数是根据量器的容量允许差和读数误差来确定的。如单标线 A 级 50 mL 容量瓶,准确容积为 50.00 mL;单标线 A 级 10 mL 移液管,准确容积为 10.00 mL,有效数字均为 4 位;用分度移液管或滴定管,其读数的有效数字可达到其最小分度后一位,保留一位不确定数字。

c.分光光度计最小分度值为 0.005,因此,吸光度一般可记到小数点后第 3 位,有效数字位数最多只有 3 位。

d.带有计算机处理系统的分析仪器,往往根据计算机自身的设定,打印或显示结果,可以有很多位数,但这并不增加仪器的精度和可读的有效位数。

e.在一系列操作中,使用多种计量仪器时,有效数字以最少的一种计量仪器的位数表示。

④表示精密度的有效数字根据分析方法和待测物的浓度不同,一般只取 1~2 位有效数字。

⑤分析结果有效数字所能达到的位数不能超过方法最低检出浓度的有效位数所能达到的位数。例如,一个方法的最低检出浓度为 0.02 mg/L,则分析结果报 0.088 mg/L 就不合理,应报 0.09 mg/L。

⑥以一元线性回归方程计算时,校准曲线斜率 a 的有效位数,应与自变量 x_i 的有效数字位数相等,或最多比 x_i 多保留一位,截距的 b 最后一位数,则和因变量 y_i 数值的最后一位取齐,或最多比 y_i 多保留一位数。

⑦在数值计算中,当有效数字确定以后,其余数字应按修约规则一律舍弃。

⑧在数值计算中,某些倍数、分数、不连续物理量的数值,以及不经测量而完全根据理论计算或定义得到的数值,其有效数字的位数可视为无限。这类数值在计算中按需要几位就定几位。

4.1.2　近似计算规则

近似计算规则一般有以下 5 种:

(1)加法和减法

几个近似值相加减时,其和或差的有效数字决定于绝对误差最大的数值,即最后结果的有效数字自左起不超过参加计算的近似值中第一个出现的可疑数字。在小数的加减计算中,结果所保留的小数点后的位数与各近似值中小数点后位数最少者相同。在实际运算过程中,保留的位数比各数值中小数点后位数最少者多留一位小数,而计算结果则按数值修约规则处理。当两个很接近的近似数值相减时,其差的有效数字位数会有很多损失。因此,如有可能,应把计算程序组织好,使尽量避免损失。

(2)乘法和除法

近似值相乘除时,所得积与商的有效数字位数决定于相对误差最大的近似值,即最后结果的有效数字位数要与各近似值中有效数字位数最少者相同。在实际运算中,可先将各近似值修约至比有效数字位数最少者多保留一位,最后将计算结果按上述规则处理。

(3)乘方和开方

近似值乘方或开方时,原近似值有几位有效数字,计算结果就可以保留几位有效数字。

(4)对数和反对数

近似值的对数计算中,所取对数的小数点后的位数(不包括首数)应与其数的有效数字位数相同。

(5)平均值

求 4 个或 4 个以上准确度接近的数值的平均值时,其有效位数可增加一位。

4.1.3　数值修约规则

在同一份报告中应按规则保留有效数字位数,计算的数据需要修约时,应遵守《数字修约规则》(GB 8170—2008)。

4.2 分析结果的统计要求

4.2.1 可疑数据的取舍

与正常数据不是来自同一分布总体、明显歪曲实验结果的测量数据,称为离群数据。可能会歪曲实验结果,但尚未经检验断定其是离群数据的测量数据,称为可疑数据。

在数据处理时,必须剔除离群数据以使测量结果更符合客观实际。正确数据总有一定的分散性,如果人为的删去一些误差较大但并非离群的测量数据,由此得到精密度很高的测量结果并不符合客观实际。因此对可疑值的取舍必须遵循一定的原则。测量中若发现明显的系统误差和过失,则由此产生的数据应随时剔除,而可疑数据取舍应采用统计方法判别,即离群数据的统计检验。

较常采用狄克逊(Dixon)检验法和格鲁布斯(Grubbs)检验法。对于剔除多组测量值中精密度较差的一组数据,或对多组测量值的方差一致性的检验,则通常采用 Cochran 最大方差检验法。

1)狄克逊(Dixon)检验法

此法适用于一组测量值的一致性检验和剔除离群值,本法中对最小可疑值和最大可疑值进行检验的公式因样本容量 n 不同而异,检验方法如下:

①将一组测量数据按从小到大的顺序排列为 $x_1, x_2, \cdots, x_n$, x_1 和 x_n 分别为最小可疑值和最大可疑值。

②按表4.1计算式求 Q 值。

③根据给定的显著性水平 α 和样本容量 n,从表4.2查得临界值 Q_a。

④若 $Q \leqslant Q_{0.05}$,则可疑值为正常值;若 $Q_{0.05} < Q \leqslant Q_{0.01}$,则可疑值为偏离值;若 $Q > Q_{0.01}$,则可疑值为离群值。

表4.1 狄克逊检验法 Q 值计算式

n 值范围	可疑数据为最小值 x_1 时	可疑数据为最大值 x_n 时
3 ~ 7	$Q = \dfrac{x_2 - x_1}{x_n - x_1}$	$Q = \dfrac{x_n - x_{n-1}}{x_n - x_1}$
8 ~ 10	$Q = \dfrac{x_2 - x_1}{x_{n-1} - x_1}$	$Q = \dfrac{x_n - x_{n-1}}{x_n - x_2}$
11 ~ 13	$Q = \dfrac{x_3 - x_1}{x_{n-1} - x_1}$	$Q = \dfrac{x_n - x_{n-2}}{x_n - x_2}$
14 ~ 25	$Q = \dfrac{x_3 - x_1}{x_{n-2} - x_1}$	$Q = \dfrac{x_n - x_{n-2}}{x_n - x_3}$

表 4.2 狄克逊检验法临界值(Q_a)

n	显著性水平 α	
	0.05	0.01
3	0.941	0.988
4	0.765	0.889
5	0.642	0.780
6	0.560	0.698
7	0.507	0.637
8	0.554	0.683
9	0.512	0.635
10	0.477	0.597
11	0.576	0.679
12	0.546	0.642
13	0.521	0.615
14	0.546	0.641
15	0.525	0.616
16	0.507	0.595
17	0.490	0.577
18	0.475	0.561
19	0.462	0.547
20	0.450	0.535
21	0.440	0.524
22	0.430	0.514
23	0.421	0.505
24	0.413	0.497
25	0.406	0.489

2)格鲁布斯(Grubbs)检验法

此检验法用于检验多组测量值均值的一致性和剔除多组测量值中离群均值;也可用于检验一组测量值的一致性和剔除一组测量值中的离群值,方法如下:

①有 l 组测量值,每组 n 个测量值的均值分别为 $\bar{x}_1, \bar{x}_2, \cdots, \bar{x}_i, \cdots, \bar{x}_l$,其中最大均值记为 $\bar{x}_{\max}$,最小均值记为 $\bar{x}_{\min}$。

②由 l 个均值计算总均值($\bar{\bar{x}}$)和标准偏差($s_{\bar{x}}$):

$$\bar{\bar{x}} = \frac{1}{l} \sum_{i=1}^{l} \bar{\bar{x}}_i \qquad s_{\bar{x}} = \sqrt{\frac{1}{l-1} \sum_{i=1}^{l} (\bar{x}_i - \bar{\bar{x}})^2}$$

③可疑均值为最大均值($\bar{x}_{max}$)时,按下式计算统计量 T:

$$T = \frac{\bar{x}_{max} - \bar{\bar{x}}}{s_{\bar{x}}}$$

可疑均值为最小均值($\bar{x}_{min}$)时,按下式计算统计量(T)

$$T = \frac{\bar{\bar{x}} - \bar{x}_{min}}{s_{\bar{x}}}$$

④根据测量值组数和给定的显著性水平(α),从表4.3查得临界值(T_α)。

表4.3　格鲁布斯检验法临界值 T_α

l	显著性水平 α	
	0.05	0.01
3	1.153	1.155
4	1.463	1.492
5	1.672	1.749
6	1.822	1.944
7	1.938	2.097
8	2.032	2.221
9	2.110	2.323
10	2.176	2.410
11	2.234	2.485
12	2.285	2.550
13	2.331	2.607
14	2.371	2.659
15	2.409	2.705
16	2.443	2.747
17	2.475	2.785
18	2.504	2.821
19	2.532	2.854
20	2.557	2.884
21	2.580	2.912
22	2.603	2.939
23	2.624	2.963
24	2.644	2.987
25	2.663	3.009

⑤若 $T \leq T_{0.05}$，则可疑均值为正常均值；若 $T_{0.05} < T \leq T_{0.01}$，则可疑均值为偏离均值；若 $T > T_{0.01}$，则可疑均值为离群均值，应予剔除，即剔除含有该均值的一组数据。

3）Cochran 检验法

这是一种等精密度检验法，可以用来剔除多组数据中精密度较差的数据组。若有 l 组测定值，每组 n 次测定值的标准偏差分别为 $S_1, S_2, \cdots, S_l$，这 l 个标准偏差中最大的记为 S_{max}，计算统计量 C，则为：

$$C = \frac{S_{max}^2}{\sum\limits_{i=1}^{l} S_i^2}$$

根据 l 和 n 可由表 4.4 中查得临界值 $C_{0.05}$。当 C 值大于表中给定的临界值 $C_{0.05}$ 时，S_{max} 为离群方差，即该组数据精密度太差，该组数据应予剔除；否则，应予保留。

表 4.4　Cochran 最大方差检验临界值 $C_{0.05}$ 表

l \ n	2	3	4	5	6	7	8	9	10
2	0.998 5	0.966 9	0.906 5	0.841 3	0.780 7	0.727 0	0.679 8	0.638 5	0.602 0
3	0.975 0	0.870 9	0.767 9	0.683 8	0.616 1	0.561 2	0.515 7	0.477 5	0.445 0
4	0.939 2	0.797 7	0.683 9	0.598 1	0.532 1	0.480 0	0.437 7	0.402 7	0.373 3
5	0.905 7	0.745 7	0.628 7	0.544 0	0.480 3	0.430 7	0.391 0	0.358 4	0.331 1

检出异常值的统计检验显著性水平 α（即检出水平）的适宜取值是 5%。对检出的异常值，按规定以剔除水平 α 代替检出水平 α 进行检验，若在剔除水平下此检验是显著的，则判此异常值为高度异常，剔除水平 α 一般采用 1%。上述规则的选用应根据实际问题的性质，权衡寻找产生异常值原因的代价，以及正确判断异常值的得益和错误剔除正常值的风险而定。

4.2.2　分析结果的精密度表示

精密度是指用一特定的分析程序在受控条件下重复分析均一样品所得测定值的一致程度，它反映分析方法或测量系统所存在的随机误差的大小。极差、平均偏差、相对平均偏差、标准偏差和相对标准偏差都可用来表示精密度大小，较常用的是标准偏差。

用多次平行测定结果进行相对偏差计算的计算式为：

$$相对偏差 = \frac{x_i - \bar{x}}{\bar{x}} \times 100\%$$

式中　x_i——某一测量值；

$\bar{x}$——多次测量值的均值。

一组测量值的精密度用标准偏差或相对标准偏差表示时的计算式如下：

$$标准偏差 s = \sqrt{\frac{1}{n-1} \sum_{i=1}^{n} (x_i - \bar{x})^2}$$

相对标准偏差$(RSD,\%) = \dfrac{s}{x} \times 100\%$

在讨论精密度时,通常会遇到以下一些术语:

1)平行性

平行性系指在同一实验室中,当分析人员、分析设备和分析时间在相同时,用同一分析方法对同一样品进行双份或多份平行样品测定结果之间的符合程度。

2)重复性

重复性系指在同一实验室内,当分析人员、分析设备和分析时间三因素中至少有一项不相同时,用同一分析方法对同一样品进行的两次或两次以上独立测定结果之间的符合程度。

3)再现性

再现性系指在不同实验室(分析人员、分析设备、甚至分析时间都不相同),用同一分析方法对同一样品进行多次测定结果之间的符合程度。

通常实验室内精密度是指平行性和重复性的总和,而实验室间精密度(即再现性)通常用分析标准溶液的方法来确定。

4.2.3 分析结果的准确度表示

准确度是用一特定的分析程序所获得的分析结果(单次测定值或重复测定值的均值)与假定的或公认的真值之间符合程度的度量。它是反映分析方法或测量系统存在的系统误差和偶然误差两者的综合指标,并决定其分析结果的可靠性。准确度用绝对误差和相对误差表示。

评价准确度的方法有两种:第一种是用某一方法分析标准物质,据其结果确定准确度;第二种是"加标回收"法,即在样品中加入标准物质,测定其回收率,以确定准确度。多次回收试验还可发现方法的系统误差,这是目前常用而方便的方法。

以加标回收率表示时的计算式:

$$\text{回收率 } P = \frac{\text{加标试样的测量值} - \text{试样测量值}}{\text{加标量}} \times 100\%$$

根据标准物质的测定结果,以相对误差表示时的计算式如下:

$$\text{相对误差} = \frac{\text{测定值} - \text{保证值}}{\text{保证值}} \times 100\%$$

4.3 监测结果的表述

对一试样某一指标的测定,监测结果的数值表达方式一般有以下几种:

1）算术平均值（$\overline{X}$）代表集中趋势

在克服系统误差之后，当测定次数足够多（$n \to \infty$ 时），其总体均值与真实值很接近。通常测定中，测定次数总是有限的，用有限测定值的平均值只能近似真实值，算术平均值是代表集中趋势表达监测结果最常用的形式。

2）用算术均数和标准偏差表示测定结果的精密度（$\overline{X} \pm S$）

算术平均值代表集中趋势，标准偏差表示离散程度。算术均值代表性的大小与标准偏差的大小有关，即标准偏差大，算术均数代表性小，反之亦然，故而，监测结果常以（$\overline{X} \pm S$）表示。

3）用（$\overline{X} \pm S, C_v$）表示结果

标准偏差的大小还与所测均数水平或测量单位有关。不同水平或单位的测定结果之间，其标准偏差是无法进行比较的，而变异系数是相对值，故可在一定范围内用来比较不同水平或单位测定结果之间的变异程度。

4）几何平均值（X_g）

若一组数据呈偏态分布，此时可用几何平均值来表示该组数据，即

$$X_g = \sqrt[n]{X_1 \cdot X_2 \cdot X_3 \cdot \cdots \cdot X_n} = (X_1 \cdot X_2 \cdot X_3 \cdot \cdots \cdot X_n)^{\frac{1}{n}}$$

5）中位数

测定数据按大小顺序排列的中间值，即中位数。若测定次数为偶数，中位数是中间两个数据的平均值。

中位数最大的优点是简便、直观，但只有在两端数据分布均匀时，中位数才能代表最佳值，当测定次数较少时，平均值与中位数不完全符合。

6）平均值的置信区间（置信界限）

由统计学可以推导出有限次测定的平均值与总体平均值 μ 的关系为：

$$\mu = \overline{X} \pm t \frac{s}{\sqrt{n}} \tag{4.1}$$

式中　　s——标准偏差；

　　　　n——测定次数；

　　　　t——在选定的某一置信度下的概率系数。

在选定的置信水平下，可以期望真值在以测定平均值为中心的某一范围出现。这个范围称为平均值的置信区间（置信界限）。它说明了平均值和真实值之间的关系及平均值的可靠性。平均值不是真值，但可以使真值落在一定的区间内，并在一定范围内可靠。

4.4 监测数据的回归处理与相关分析

在环境监测中经常会遇到处理变量之间关系的问题。常常需要做工作曲线(或作标准曲线)。这些工作曲线通常都是一条直线。一般的做法是把实验点描在坐标纸上,横坐标表示被测物质的浓度,纵坐标表示测量仪表的读数(如吸光度),然后根据坐标纸上的这些实验点走向,用直尺画出一条直线,即工作曲线,作为定量分析的依据。

但是,在实际工作中,由于环境监测过程比较复杂,影响测定结果的因素比较多,再加上分析测试误差的影响,实验点全部落在一条直线上的情况是少见的,当实验点比较分散时,凭直观感觉作图往往会带来主观误差。因此,变量与变量之间的关系只能表现为相关关系。

研究变量之间关系的统计方法称为回归分析和相关分析,回归分析就是研究变量间相关关系的数学工具,相关分析则用于度量变量间关系的密切程度。回归分析的主要用途为:

①确定变量之间是否存在相关关系和是怎样的相关关系;

②评价变量之间的意义;

③通过一个变量值去预测另一个变量值,并估计预测值的精度;

④评价检验回归分析方程参数。

4.4.1 相关和直线回归方程

变量之间的关系主要有两种类型,即确定性关系和相关关系。

1) 确定性关系

例如,欧姆定律 $I = U/R$,已知 3 个变量中任意两个就能按公式求出第 3 个变量。

2) 相关关系

有些变量之间既有关系又无确定性关系,称为相关关系,它们之间的关系式称为回归方程,在简单的线性回归中,设 x 为已知的自变量(如标液中待测物质的含量),y 为实验中测得的因变量(如吸光度),两者的关系为:

$$y = ax + b \qquad (4.2)$$

式中　b——截距;

　　　a——斜率(或称 y 对 x 的回归系数)。

上述回归方程可根据最小二乘法来建立,即首先测定一系列 $x_1, x_2, \cdots, x_n$ 和相对应的 $y_1, y_2, \cdots, y_n$,然后按下式求常数,可求得 a 为式(4.3),b 为式(4.4)。

$$a = \frac{n \sum xy - \sum x \sum y}{n \sum x^2 - \left(\sum x\right)^2} \qquad (4.3)$$

$$b = \frac{n \sum x^2 \sum y - \sum x \sum xy}{n \sum x^2 - \left(\sum x\right)^2} \qquad (4.4)$$

式中 n——测定次数。

求得 a,b 后即可获得最佳直线方程的工作曲线。

标准曲线的斜率和截距有时小数点后位数很多,最多保留 3 位有效数字,并以幂表示,如 $0.000\,023\,4 \rightarrow 2.34 \times 10^{-5}$。

4.4.2 相关系数及显著性检验

采用回归处理的目的,是为了正确地绘制工作曲线,但在实际工作中,仅此要求还是不够的,有时还需探索变量 x 与 y 之间有无线性关系以及线性关系的密切程度如何。

相关系数 r 是用来表示两个变量(y 与 x)之间关系的性质和密切程度的指标,符号为 γ,其值为 $-1 \sim +1$,表达式为:

$$\gamma = \frac{\sum [(x-\bar{x})(y-\bar{y})]}{\sqrt{\sum (x-\bar{x})^2 \sum (y-\bar{y})^2}} \tag{4.5}$$

x 与 y 的相关关系有以下 3 种情况:

①若 x 增大,y 也相应地增大,称 x 与 y 呈正相关。此时有 $0 < \gamma < 1$,若 $\gamma = 1$,则称为完全正相关。监测分析中希望 r 值越接近 1 越好。

②若 x 增大,y 相应减少,称 x 与 y 呈负相关。此时,$-1 < \gamma < 0$,当 $\gamma = -1$ 时,称为完全负相关。

③若 y 与 x 的变化无关,称 x 不与 y 相关,此时 $\gamma = 0$。

若总体中 x 与 y 不相关,在抽样时由于随机误差,可能计算所得 $\gamma \neq 0$。所以应检验 γ 值有无显著性意义,方法如下:

①求出 γ;

②按 $t = |\gamma| \sqrt{\dfrac{n-2}{1-\gamma^2}}$ 求出 t 值,n 为变量配对数,自由度 $n' = n-2$;

③查 t 值表(一般单侧检测)

若 $t > t_{0.01(n')}$,$p < 0.01$,γ 有非常显著性的意义;若 $t < t_{0.1(n')}$,$p > 0.1$,γ 无显著性意义。

标准曲线的相关系数 r 只舍不入,保留到小数点后出现非 9 的一位,如 $0.999\,89 \rightarrow 0.999\,8$。如果小数点后都是 9 时,最多保留 4 位。对于环境监测工作中的标准曲线,应力求相关系数 $|r| \geq 0.999$,否则,应找出原因,加以纠正,并重新进行测定和绘制。

4.5 环境监测数据结果表示方法

4.5.1 水监测数据结果表示方法

1)浓度含量表示

水和污水分析结果用 mg/L 表示,浓度较小时,则以 μg/L 表示,浓度很大时,如

12 345 mg/L应以 1.23×10^4 mg/L 表示,也可用百分数(%)表示(注明"m/v"或"m/m")底质分析结果用 mg/kg(干基)或 μg/kg(干基)表示。总硬度用单位体积溶液中 $CaCO_3$ 的含量(mg/L)表示。

2)双份平行测定结果表示

在允许偏差范围之内,则结果以平均值表示。双份平行测定结果,平行双样相对偏差的计算方法如下:

$$相对偏差 = \frac{B - A}{B + A} \times 100\%$$

式中 A,B——同一水平两次平行测定的结果。

当测定结果在检出限(或最小检出浓度)以上时,报实际测得结果值;当低于方法检出限时,报所使用方法的检出限值,并加标志位 L;统计污染总量时以零计。

4.5.2 大气监测数据结果表示方法

1)采样体积计算

(1)气态污染物采样体积计算,其表达式为:

$$V_0 = Q_n \times n = Q_s \times n \times \frac{PT_0}{P_0 T} \tag{4.6}$$

式中 V_0——标准状况下的采样体积,L;

Q_n——标准状况下的采样流量,L/min;

Q_s——采样时未进行标准状况订正的流量计指示流量,L/min;

T——采样时流量计前的气样温度,K;

T_0——标准状况下气体的温度,273K;

P——采样时气样的气压,kPa;

P_0——标准状况下气体的压力,101.3 kPa;

n——采样时间,min。

(2)颗粒物采样体积计算,其表达式为:

$$V_n = Q_n \times n = Q_1 \times n \times \sqrt{\frac{P_1 T_3}{P_3 T_1}} \times \frac{273 \times P_3}{101.3 \times T_3} \tag{4.7}$$

式中 V_n——标准状况下采样体积,L;

Q_n——标准状况下采样流量,L/min 或 m^3/min;

n——采样时间,min;

Q_1——孔口校正器流量,L/min 或 m^3/min;

T_1——孔口校准器校准时的温度,K;

T_3——采样时大气温度,K;

P_1——孔口校准器校准时的大气压,kPa;

P_3——采样时大气压力,kPa。

2）监测结果表示及计算

环境空气污染物监测结果，通常以标准状况下质量浓度（mg/m³ 或 μg/m³）表示。其表达式为：

$$C = \frac{W}{V_0} \tag{4.8}$$

式中　　C——污染物质量浓度，mg/m³ 或 μg/m³；

　　　　V_0——标准状况下采样体积，m³；

　　　　W——在相应采样体积中污染物的含量，mg 或 μg。

在实际工作时，有时也用空气中的体积分数（×10⁶）表示气体污染物的浓度。单位换算公式为：

$$C = (m/22.4) \cdot X \tag{4.9}$$

式中　　C——污染物的质量浓度，mg/m³ 或 μg/m³；

　　　　m——污染物的摩尔质量，g/mol；

　　　　X——污染物体积分数，10^{-6}；

　　　　22.4——标准状态下，1 mol 分子气体污染物的体积，L/mol。

3）监测数据平均值计算

（1）某一监测点（某一污染物）监测数据

在 $i = 1, 2, \cdots, n$ 时段的平均值计算，其表达式为：

$$\overline{C_j} = \frac{1}{n} \sum_{i=1}^{n} C_{ij} \tag{4.10}$$

式中　　$\overline{C_j}$——第 j 监测点在 $i = 1, 2, \cdots, n$ 时段的平均值；

　　　　C_{ij}——第 j 监测点在第 i 个时段的监测数据；

　　　　n——监测时段的总数。

若样品浓度低于监测方法检出限时，则该监测数据应标明未检出，并以 1/2 最低检出限报出，同时用该数值参加统计计算。

（2）多个监测点监测数据

在 $i = 1, 2, \cdots, n$ 时段的平均值计算，其表达式为：

$$\overline{C} = \frac{1}{n} \sum_{i=1}^{n} \left(\frac{1}{m} \sum_{j=1}^{m} C_{ij} \right) \tag{4.11}$$

式中　　C_{ij}——第 j 监测点在第 i 个时段的监测数据；

　　　　$\overline{C}$——m 个监测点在 $i = 1, 2, \cdots, n$ 时段的监测数据平均值；

　　　　m——监测点数目；

　　　　n——监测时段总数。

4）超标倍数的计算

按式（4.12）计算污染物含量超标倍数

$$r = \frac{C - C_0}{C_0} \tag{4.12}$$

式中　r——超标倍数；

　　　C——监测数据浓度值；

　　　C_0——相应的环境空气质量标准值。

4.5.3　土壤监测数据结果的表示方法

土壤监测结果用 mg/kg 表示，浓度较小时，则以 μg/kg 表示。

土壤监测平行样的测定结果用平均数表示，一组测定数据用 Dixon 法、Grubbs 法检验剔除离群值后以"平均值"报出，低于分析方法检出限的测定结果以"未检出"报出，参加统计时按 1/2 最低检出限计算。

土壤样品测定一般保留 3 位有效数字，含量较低的镉和汞保留两位有效数字，并注明检出限数值。分析结果的精密度数据，一般只有一位有效数字，当测定数据很多时，可取两位有效数字。表示分析结果的有效数字的位数不可超过方法检出限的最低位数。

表4.5 所示为土壤监测平行样品最大允许相对偏差。

表4.5　土壤监测平行样品最大允许相对偏差

含量范围/(mg·kg⁻¹)	最大允许相对偏差/%
>100	±5
10～100	±10
1.0～10	±20
0.1～1.0	±25
<0.1	±30

5

环境监测验证性实验

实验一 废水中悬浮物的测定
——重量法

此法依据《水质 悬浮物的测定 重量法》(GB 11901—89),测定 103~105 ℃烘干的不可滤残渣(悬浮物)。

水样中的物质根据溶解度大小可分为溶解性物质和不溶性物质两类。悬浮物是指不能通过过滤器的不溶性物质,它包括不溶于水的泥沙、各种污染物、微生物及难溶无机物等。地面水中存在悬浮物将使水体混浊,透光度降低,影响水生生物的呼吸、代谢,甚至导致鱼类窒息死亡。悬浮物多时,还可能造成河道阻塞。工业废水和生活污水含大量无机、有机悬浮物,易堵塞管道、污染环境。因此,在水和废水的处理中,测定悬浮物具有特定意义,是水和废水监测的必测项目之一。

悬浮物可用滤纸法、滤膜法或石棉坩埚法测定。由于悬浮物的测定受滤器孔径大小,滤片面积和厚度,以及截留在滤器上物质的数量和物理状态等影响,鉴于这些复杂因素,且难以控制,因此,悬浮物的测定方法只是为了实用而规定的近似方法,具有相对意义。当用滤纸法或石棉坩埚测定时,结果和滤膜法有差异,报告结果时应注明测定方法。石棉坩埚法通常用于测定含酸或碱浓度较高的水样的悬浮物。

烘干温度和时间对测定结果有重要影响。一方面,有机物挥发,吸着水、结晶水的变化和气体逸失而造成减重;另一方面,由于氧化而造成增重。通常有两种烘干温度可供选择。103~105 ℃烘干的悬浮物将保留结晶水和部分吸着水,重碳酸盐将变成碳酸盐,而有机物挥发逸失较少,但不易赶尽吸着水,故达到恒重需时较长。而在(180±2)℃烘干时,悬浮物的吸着水将除去,但尚存留部分结晶水,有机物将挥发逸失,但不能完全分解,部分碳酸盐可能分解为氧化物及碱式盐,某些氯化物和硝酸盐可能损失。

本实验选用滤纸过滤法,103~105 ℃烘至恒重。

1)实验目的

①掌握悬浮物的测定方法;

②熟悉称重、过滤、干燥等基本实验操作;

③了解悬浮物等物理指标对水质的影响。

2)实验原理

水质中的悬浮物是指水样通过孔径为 0.45 μm 的滤膜,截留在滤料上并于 103～105 ℃烘至恒重的固体。测定的方法是用滤纸过滤水样,经 103～105 ℃烘干后得到悬浮固体含量。

3)实验仪器

烘箱、分析天平、干燥器、中速定量滤纸或孔径为 0.45 μm 的滤膜及相应的滤器、玻璃漏斗、内径为 30～50 mm 的称量瓶。

4)实验步骤

①将用蒸馏水洗涤过的滤纸(除去滤纸中的可溶性物质)折叠后放入称量瓶中,每个称量瓶放一张滤纸,在 103～105 ℃烘箱中烘 2 h,再放入干燥器内冷却 30 min,加盖称重,重复烘干直至恒重为止(两次称重相差不超出 0.000 2 g)。

②去除漂浮物后震荡水样,迅速用量筒取 100 mL 水样(悬浮物应大于 2.5 mg),用上述滤纸过滤,再用蒸馏水洗 3～5 次。如样品中含有油脂,用 10 mL 石油醚分两次淋洗悬浮物。

③小心将滤纸放入原称量瓶中,在 103～105 ℃烘箱中烘 2 h,再放入干燥器内冷却 30 min 并称重,重复烘干直至恒重(两次称重相差不超出 0.000 4 g)。

5)计算

$$悬浮物固体 = \frac{(A - B) \times 1\ 000 \times 1\ 000}{V}$$

式中　A——过滤后滤纸 + 悬浮物 + 称量瓶质量,g;

　　　B——过滤前滤纸 + 称量瓶质量,g;

　　　V——水样体积,mL。

6)注意事项

①树叶、木棒、水草等不均匀物质应先从水中除去。

②水样不能保存,应尽快分析。

③滤纸上固体太多,可以延长烘干时间,以防残留水分。

④如水样较清澈,可多取水样,最好能使固体量为 5～100 mg。

⑤含大量钙、镁、氯化物、硫酸盐的高度矿化水可能吸潮,需延长烘干时间,并迅速称重。

⑥对酸性或碱性较强的废水,因过滤时易腐蚀滤纸,影响测定结果,可改用石棉坩埚法。

⑦废水黏度较大时可加入 2～4 倍水,摇匀,静置沉降后再过滤。

⑧如果废水中有油脂,过滤后,用 10 mL 石油醚分两次冲洗滤纸。

⑨严格控制烘干温度 103 ~ 105 ℃。

⑩冷却后快速称量。

7) 思考题

①测定悬浮物质量时为什么要控制烘干温度?

②实验中除了温度还有哪些影响因素,会造成怎样的误差?

实验二　水中氨氮的测定
——纳氏试剂分光光度法

此法依据《水质 氨氮的测定 纳氏试剂分光光度法》(HJ 535—2009),采用纳氏试剂分光光度法测定水中氨氮。

氨氮以游离氨(NH_3)或铵盐(NH_4^+)形式存在于水中,两者的组成比取决于水的 pH。当 pH 值偏高时,游离氨的比例较高。反之,则铵盐的比例较高。

水中氨氮的来源主要为生活污水中含氮有机物受微生物作用的分解产物,以及某些工业废水(如焦化废水和合成氨化肥厂废水等)和农田排水。城市生活污水中的食品残渣等含氮有机物在微生物的分解作用下产生氨氮,还有农作物生长过程中以及氮肥的使用也会产生氨氮,并随着污水排入城市的污水处理厂或直接排入水体中。此外,在无氧环境中,水中存在的亚硝酸盐也可受微生物的作用,还原为氨。在有氧的环境中,水中的氨也可转变为亚硝酸盐或继续转化为硝酸盐。

水中氨氮的测定方法通常有纳氏试剂分光光度法、苯酚-次氯酸盐(或水杨酸-次氯酸盐)比色法、气相分子吸收法和电极法等,目前,最常用的测定方法是钠氏试剂法。纳氏试剂法具有操作简便、灵敏等特点,但水中钙、镁、铁等金属离子,硫化物、醛、酮等还原性物质,颜色以及浑浊等均干扰测定。加入络合剂如酒石酸钾钠、EDTA 等,可消除钙、镁等金属离子的干扰。水样浑浊、有颜色也可用凝聚沉降法消除,必要时还可将水样进行蒸馏,以消除干扰。

苯酚-次氯酸盐比色法具有灵敏、稳定等优点,干扰情况和消除方法同纳氏试剂比色法。电极法测定地面水中的氨氮,一般不需要对水样进行预处理,操作方法简单且测量范围宽。氨氮含量较高时,可采用蒸馏-中和滴定法。

本实验选用纳氏试剂分光光度法测定水中的氨氮,适用于地表水、地下水、生活污水和工业废水中氨氮的测定。

1) 实验目的

①初步掌握可见分光光度计的使用;

②掌握纳氏试剂分光光度法测定水中氨氮的基本原理和方法;

③学习光度法测定条件的选择和研究方法。

2)实验原理

以游离态的氨或铵离子等形式存在的氨氮与纳氏试剂反应生成淡红棕色络合物,该络合物的吸光度与氨氮含量成正比,于波长 420 nm 处测量吸光度。

水样体积为 50 mL,使用 20 mm 比色皿时,本方法的检出限为 0.025 mg/L,测定下限为 0.10 mg/L,测定上限为 2.0 mg/L(均以 N 计)。

3)实验仪器和试剂

(1)仪器

①可见分光光度计:具 20 mm 比色皿。

②氨氮蒸馏装置:由 500 mL 凯式烧瓶、氮球、直形冷凝管和导管组成,冷凝管末端可连接一段适当长度的滴管,使出口尖端浸入吸收液液面下。也可使用 500 mL 蒸馏烧瓶。

(2)试剂:所有试剂配制均用无氨水

①纳氏试剂(可选择下列方法的一种配制):

a. 二氯化汞-碘化钾-氢氧化钾($HgCl_2$-KI-KOH)溶液。

称取 15.0 g 氢氧化钾(KOH),溶于 50 mL 水中,冷却至室温。

称取 5.0 g 碘化钾(KI),溶于 10 mL 水中,在搅拌下,将 2.50 g 二氯化汞($HgCl_2$)粉末分多次加入碘化钾溶液中,直到溶液呈深黄色或出现淡红色沉淀溶解缓慢时,充分搅拌混合,并改为滴加二氯化汞饱和溶液,当出现少量朱红色沉淀不再溶解时,停止滴加。

在搅拌下,将冷却的氢氧化钾溶液缓慢地加入到上述二氯化汞和碘化钾的混合液中,并稀释至 100 mL,于暗处静置 24 h,倾出上清液,贮于聚乙烯瓶内,用橡皮塞或聚乙烯盖子盖紧,存放暗处,可稳定 1 个月。

b. 碘化汞-碘化钾-氢氧化钠(HgI_2-KI-NaOH)溶液。

称取 16.0 g 氢氧化钠(NaOH),溶于 50 mL 水中,冷却至室温。

称取 7.0 g 碘化钾(KI)和 10.0 g 碘化汞(HgI_2),溶于水中,然后将此溶液在搅拌下,缓慢加入到上述 50 mL 氢氧化钠溶液中,用水稀释至 100 mL。贮于聚乙烯瓶内,用橡皮塞或聚乙烯盖子盖紧,于暗处存放,有效期 1 年。

②酒石酸钾钠溶液($\rho = 500$ g/L):称取 50.0 g 酒石酸钾钠($KNaC_4H_6O_6 \cdot 4H_2O$)溶于 100 mL 水中,加热煮沸以驱除氨,充分冷却后稀释至 100 mL。

③硫代硫酸钠溶液($\rho = 3.5$ g/L):称取 3.5 g 硫代硫酸钠($Na_2S_2O_3$)溶于水中,稀释至 1 000 mL。

④硫酸锌溶液($\rho = 100$ g/L):称取 10.0 g 硫酸锌($ZnSO_4 \cdot 7H_2O$)溶于水中,稀释至 100 mL。

⑤氢氧化钠溶液($\rho = 250$ g/L):称取 25 g 氢氧化钠溶于水中,稀释至 100 mL。

⑥氢氧化钠溶液,$c(NaOH) = 1$ mol/L:称取 4 g 氢氧化钠溶于水中,稀释至 100 mL。

⑦盐酸溶液,$c(HCl) = 1$ mol/L:量取 8.5 mL 的 $\rho = 1.18$ g/mL 盐酸于适量水中用水稀释至 100 mL。

⑧硼酸(H_3BO_3)溶液($\rho = 20$ g/L):称取 20 g 硼酸溶于水,稀释至 1 L。

⑨溴百里酚蓝指示剂(bromthymol blue)($\rho = 0.5$ g/L):称取 0.05 g 溴百里酚蓝溶于 50 mL水中,加入 10 mL 无水乙醇,用水稀释至 100 mL。

⑩淀粉-碘化钾试纸:称取 1.5 g 可溶性淀粉于烧杯中,用少量水调成糊状,加入200 mL 沸水,搅拌混匀放冷。加 0.50 g 碘化钾(KI)和 0.50 g 碳酸钠(Na_2CO_3),用水稀释至 250 mL。将滤纸条浸渍后,取出晾干,于棕色瓶中密封保存。

⑪氨氮标准溶液:

a. 氨氮标准贮备溶液,$\rho_N = 1\,000\,\mu g/mL$。

称取 3.819 0 g 氯化铵(NH_4Cl,优级纯,在 100 ~ 105 ℃干燥 2 h),溶于水中,移入 1 000 mL容量瓶中,稀释至标线,可在 2 ~ 5 ℃保存 1 个月。

b. 氨氮标准工作溶液,$\rho_N = 10\,\mu g/mL$。

吸取 5.00 mL 氨氮标准贮备溶液于 500 mL 容量瓶中,稀释至刻度。临用前配制。

⑫轻质氧化镁(MgO):不含碳酸盐,在 500 ℃下加热氧化镁,以除去碳酸盐。

警告:二氯化汞($HgCl_2$)和碘化汞(HgI_2)为剧毒物质,避免经皮肤和口腔接触。

4)实验步骤

(1)样品的预处理

①去除余氯:若样品中存在余氯,可加入适量的硫代硫酸钠溶液($\rho = 3.5$ g/L)去除。每加 0.5 mL 可去除 0.25 mg 余氯。用淀粉-碘化钾试纸检验余氯是否除尽。

②絮凝沉淀:100 mL 样品中加入 1 mL 硫酸锌溶液($\rho = 100$ g/L)和 0.1 ~ 0.2 mL 氢氧化钠溶液($\rho = 250$ g/L),调节 pH 约为10.5,混匀,放置使之沉淀,倾取上清液分析。必要时,用经水冲洗过的中速滤纸过滤,弃去初滤液 20 mL。也可对絮凝后的样品作离心处理。

③预蒸馏:将 50 mL 硼酸溶液($\rho = 20$ g/L)移入接收瓶内,确保冷凝管出口在硼酸溶液液面之下。分取 250 mL 样品,移入烧瓶中,加几滴溴百里酚蓝指示剂,必要时,用氢氧化钠($c(NaOH) = 1$ mol/L)或盐酸溶液($c(HCl) = 1$ mol/L)调整 pH 至 6.0(指示剂呈黄色)~ 7.4(指示剂呈蓝色),加入 0.25 g 轻质氧化镁及数粒玻璃珠,立即连接氮球和冷凝管。加热蒸馏,使馏出液速率约为 10 mL/min,待馏出液达 200 mL 时,停止蒸馏,加水定容至 250 mL。

(2)分析步骤

①校准曲线:在 8 个 50 mL 比色管中,分别加入 0.00,0.50,1.00,2.00,4.00,6.00,8.00 和10.00 mL 氨氮标准工作溶液,其所对应的氨氮含量分别为 0.0,5.0,10.0,20.0,40.0,60.0,80.0 和 100 μg,加水至标线。加入 1.0 mL 酒石酸钾钠溶液,摇匀,再加入 1.5 mL 纳氏试剂 a 溶液或 1.0 mL 纳氏试剂 b 溶液,摇匀。放置 10 min 后,在波长 420 nm 下,用 20 mm 比色皿,以蒸馏水作参比,测量吸光度。以空白校正后的吸光度为纵坐标,以其对应的氨氮含量(μg)为横坐标,绘制校准曲线。

②样品测定:

a. 清洁水样:直接取 50 mL,按与校准曲线相同的步骤测量吸光度。

b. 有悬浮物或色度干扰的水样:取经预处理的水样 50 mL(若水样中氨氮质量浓度超过 2 mg/L,可适当少取水样体积),按与校准曲线相同的步骤测量吸光度。

【注】 经蒸馏或在酸性条件下煮沸方法预处理的水样,须加一定量氢氧化钠溶

$(c(\text{NaOH}) = 1 \text{ mol/L})$,调节水样至中性,用水稀释至50 mL标线,再按与校准曲线相同的步骤测量吸光度。

③空白试验:用无氨水代替水样,按与样品相同的步骤进行前处理和测定。

5)计算

水中氨氮的质量浓度按下式计算:

$$\rho_N = \frac{A_s - A_b - a}{b \times V}$$

式中　ρ_N——水样中氨氮的质量浓度(以 N 计),mg/L;

　　　A_s——水样的吸光度;

　　　A_b——空白试验的吸光度;

　　　a——校准曲线的截距;

　　　b——校准曲线的斜率;

　　　V——试料体积,mL。

6)注意事项

(1)水样采集与保存

水样采集在聚乙烯瓶或玻璃瓶内,要尽快分析。如需保存,应加硫酸使水样酸化至 pH < 2,2 ~ 5 ℃下可保存7 d。酸化样品应注意防止吸收空气中的氨而遭致污染。

(2)无氨水的配制

①离子交换法:蒸馏水通过强酸性阳离子交换树脂(氢型)柱,将流出液收集在带有磨口玻璃塞的玻璃瓶内。每升流出液加10 g同样的树脂,以利于保存。

②蒸馏法:在1 000 mL的蒸馏水中,加0.1 mL硫酸($\rho = 1.84$ g/mL),在全玻璃蒸馏器中重蒸馏,弃去前50 mL馏出液,然后将约800 mL馏出液收集在带有磨口玻璃塞的玻璃瓶内。每升馏出液加10 g强酸性阳离子交换树脂(氢型)。

③纯水器法:用市售纯水器临用前制备。

(3)酒石酸钾钠试剂的制备

酒石酸钾钠试剂中铵盐含量较高时,仅加热煮沸或加纳氏试剂沉淀不能完全除去氨。此时采用加入少量氢氧化钠溶液,煮沸蒸发掉溶液体积的20% ~ 30%,冷却后用无氨水稀释至原体积。

(4)絮凝沉淀

滤纸中含有一定量的可溶性铵盐,定量滤纸中含量高于定性滤纸,建议采用定性滤纸过滤,过滤前用无氨水少量多次淋洗(一般为100 mL)。这样可减少或避免滤纸引入的测量误差。

(5)水样的预蒸馏

蒸馏过程中,某些有机物很可能与氨同时馏出,对测定有干扰,其中有些物质(如甲醛)可以在酸性条件(pH <1)下煮沸除去。在蒸馏刚开始时,氨气蒸出速度较快,加热不能过快,否则造成水样暴沸,馏出液温度升高,氨吸收不完全。馏出液速率应保持在10 mL/min 左右。部

分工业废水,可加入石蜡碎片等作防沫剂。

（6）蒸馏器清洗

向蒸馏烧瓶中加入350 mL水,加数粒玻璃珠,装好仪器,蒸馏到至少收集了100 mL水,将馏出液及瓶内残留液弃去。

7）思考题

①什么时候必须对水样进行蒸馏预处理?
②结合氨氮的纳氏试剂法分析分光光度法误差产生的主要途径和常见的消除措施。
③本实验中哪些试剂需要准确配置和准确加入? 试从理论上进行解释。

实验三 水中总磷的测定
——钼酸铵分光光度法

此法依据《水质 总磷的测定 钼酸铵分光光度法》(GB 11893—89),用过硫酸钾(或硝酸-高氯酸)作为氧化剂,将未经过滤的水样消解,用钼酸铵分光光度法测定水样中的总磷。

磷是评价水质的重要指标,一般天然水中磷酸盐含量不高。化肥、冶炼、合成洗涤剂等行业的工业废水及生活污水中常含有较大量磷。磷是生物生长必需的元素之一。但水体中磷含量过高(如超过0.2 mg/L),可造成藻类的过度繁殖,直至数量上达到有害的程度(称为富营养化),造成湖泊、河流透明度降低,水质变坏。

总磷包括溶解的、颗粒的、有机的和无机磷。本方法适用于地面水、污水和工业废水。

1）实验目的

①掌握用分光光度法测定水中总磷的原理及方法;
②掌握水样酸消解的预处理方法;
③了解总磷对水环境的影响。

2）实验原理

在中性条件下用过硫酸钾(或硝酸-高氯酸)使试样消解,将所含磷全部氧化为正磷酸盐。在酸性介质中,正磷酸盐与钼酸铵反应,在锑盐存在下生成磷钼杂多酸后,立即被抗坏血酸还原,生成蓝色的络合物。

取25 mL试样,该方法的最低检出浓度为0.01 mg/L,测定上限为0.6 mg/L。

3）实验仪器和试剂

（1）仪器
实验室常用仪器设备和下列仪器。
①医用手提式蒸气消毒器或一般压力锅($1.1 \sim 1.4$ kg/cm^2)。
②50 mL具塞(磨口)刻度管。

③分光光度计。

【注】 所有玻璃器皿均应用稀盐酸或稀硝酸浸泡。

（2）试剂

所用试剂除另有说明外,均应使用符合国家标准或专业标准的分析纯试剂和蒸馏水或同等纯度的水。

①硫酸(H_2SO_4),密度为 1.84 g/mL。

②硝酸(HNO_3),密度为 1.4 g/mL。

③高氯酸($HClO_4$),优级纯,密度为 1.68 g/mL。

④硫酸(H_2SO_4),1+1。

⑤硫酸,约 $c(1/2H_2SO_4)=1mol/L$:将 27 mL 硫酸($\rho=1.84$ g/mL)加入到 973 mL 水中。

⑥氢氧化钠(NaOH),1mol/L 溶液:将 40 g 氢氧化钠溶于水,并稀释至 1 000 mL。

⑦氢氧化钠(NaOH),6mol/L 溶液:将 240 g 氢氧化钠溶于水,并稀释至 1 000 mL。

⑧过硫酸钾,50 g/L 溶液:将 5 g 过硫酸钾($K_2S_2O_8$)溶解于水,并稀释至 100 mL。

⑨抗坏血酸,100 g/L 溶液:溶解 10 g 抗坏血酸($C_6H_8O_6$)于水,并稀释至 100 mL。此溶液贮于棕色的试剂瓶中,在冷处可稳定几周。如不变色可长时间使用。

⑩钼酸盐溶液:溶解 13 g 钼酸铵$[(NH_4)_6Mo_7O_{24}\cdot4H_2O]$于 100 mL 水中。溶解 0.35 g 酒石酸锑钾$[KSbC_4H_4O_7\cdot1/2H_2O]$于 100 mL 水中。在不断搅拌下把钼酸铵溶液徐徐加到 300 mL(1+1)硫酸中,加酒石酸锑钾溶液并且混合均匀。此溶液贮于棕色试剂瓶中,在冷处可保存两个月。

⑪浊度-色度补偿液:混合两体积(1+1)硫酸和一体积抗坏血酸溶液($\rho=100$ g/L)。使用当天配制。

⑫磷标准贮备溶液:称取(0.2197 ± 0.001)g 于 110 ℃干燥 2 h 在干燥器中放冷的磷酸二氢钾(KH_2PO_4),用水溶解后转移至 1 000 mL 容量瓶中,加入大约 800 mL 水、加 5 mL(1+1)硫酸用水稀释至标线并混匀。1.00 mL 此标准溶液含 50.0 μg 磷。本溶液在玻璃瓶中可储存至少 6 个月。

⑬磷标准使用溶液:将 10.0 mL 的磷标准贮备溶液转移至 250 mL 容量瓶中,用水稀释至标线并混匀。1.00 mL 此标准溶液含 2.0 μg 磷。使用当天配制。

⑭酚酞,10 g/L 溶液:0.5 g 酚酞溶于 50 mL 95% 乙醇中。

4）实验步骤

（1）采样和样品

试样①采取 500 mL 水样后加入 1 mL 硫酸($\rho=1.84$ g/mL)调节样品的 pH 值,使之低于或等于 1,或不加任何试剂于冷处保存。

【注】 含磷量较少的水样,不要用塑料瓶采样,因磷酸盐易吸附在塑料瓶壁上。

试样②的制备:取 25 mL 上述样品于具塞刻度管中。取时应仔细摇匀,以得到溶解部分和悬浮部分均具有代表性的试样。如样品中含磷浓度较高,试样体积可以减少。

（2）分析步骤

①空白试样:按下述测定方法的规定进行空白试验,用水代替试样,并加入与测定时相同

体积的试剂。

②测定：

A. 消解

a. 过硫酸钾消解：向试样②中加 4 mL 过硫酸钾，将具塞刻度管的盖塞紧后，用一小块布和线将玻璃塞扎紧（或用其他方法固定），放在大烧杯中置于高压蒸气消毒器中加热，待压力达 1.1 kg/cm²，相应温度为 120 ℃时，保持 30 min 后停止加热。待压力表读数降至零后，取出放冷。然后用水稀释至标线。

【注】 如用硫酸保存水样。当用过硫酸钾消解时，需先将试样调至中性。

b. 硝酸-高氯酸消解：取 25 mL 试样①于锥形瓶中，加数粒玻璃珠，加 2 mL 硝酸（$\rho = 1.4$ g/mL）在电热板上加热浓缩至 10 mL。冷后加 5 mL 硝酸（$\rho = 1.4$ g/mL），再加热浓缩至 10 mL，放冷。加 3 mL 高氯酸（$\rho = 1.68$ g/mL），加热至高氯酸冒白烟，此时可在锥形瓶上加小漏斗或调节电热板温度，使消解液在锥形瓶内壁保持回流状态，直至剩下 3~4 mL，放冷。

加水 10 mL，加 1 滴酚酞指示剂。滴加氢氧化钠溶液（先用 6 mol/L 溶液，后用 1 mol/L 溶液）至刚呈微红色，再滴加 $c(1/2H_2SO_4) = 1$ mol/L 硫酸溶液使微红刚好退去，充分混匀。移至具塞刻度管中，用水稀释至标线。

B. 发色

分别向各份消解液中加入 1 mL 抗坏血酸溶液混匀，30 s 后加 2 mL 钼酸盐溶液充分混匀。

【注】 如试样中含有浊度或色度时，需配制一个空白试样（消解后用水稀释至标线）然后向试料中加入 3 mL 浊度-色度补偿液，但不加抗坏血酸溶液和钼酸盐溶液。然后从试样的吸光度中扣除空白试样的吸光度。砷大于 2 mg/L 干扰测定，用硫代硫酸钠去除。硫化物大于 2 mg/L 干扰测定，通氮气去除。铬大于 50 mg/L 干扰测定，用亚硫酸钠去除。

C. 分光光度测量

室温下放置 15 min 后，使用光程为 30 mm 比色皿，在 700 nm 波长下，以水作参比，测定吸光度。扣除空白试验的吸光度后，从工作曲线上查得磷的含量。

D. 工作曲线的绘制

取 7 支具塞刻度管分别加入 0.0，0.50，1.00，3.00，5.00，10.0，15.0 mL 磷酸盐标准使用溶液，加水至 25 mL。然后按上述测定步骤进行处理。以水作参比，测定吸光度。扣除空白试验的吸光度后，和对应的磷的含量绘制工作曲线。

5）计算

总磷含量以 c 表示，按下式计算：

$$c = \frac{m}{V}$$

式中 m——试样测得含磷量，μg；

V——测定用试样体积，mL。

6）注意事项

①用硝酸-高氯酸消解需要在通风橱中进行。高氯酸和有机物的混合物经加热易发生危

险,需将试样先用硝酸消解,然后再加入硝酸-高氯酸进行消解。绝不可把消解的试样蒸干。如消解后有残渣时,用滤纸过滤于具塞刻度管中,并用水充分清洗锥形瓶及滤纸,一并移到具塞刻度管中。水样中的有机物用过硫酸钾氧化不能完全破坏时,可用此法消解。

②显色时室温低于13 ℃,可在20~30 ℃水浴上显色15 min 即可。

7)思考题

①实验中哪些步骤是误差的主要来源?
②环境水样中总磷的测定存在哪些影响因素?

实验四　水中铬的测定
——二苯碳酰二肼分光光度法

此法依据《水质 总铬的测定》(GB 7466—87)、《水质 六价铬的测定 二苯碳酰二肼分光光度法》(GB 7467—87),采用二苯碳酰二肼分光光度法测定水样中的总铬和六价铬。

水体中铬的化合物常见的价态有六价和三价。水体中六价铬一般以 CrO_4^{2-},$Cr_2O_7^{2-}$,$HCrO_4^-$ 三种阴离子形式存在,受水中 pH 值、有机物、氧化还原物质、温度及硬度等条件影响,三价铬和六价铬的化合物可以相互转化。

铬是生物体所必需的微量元素之一,铬的毒性与其存在价态有关,通常认为六价铬的毒性比三价铬高100倍,为强毒性,六价铬更容易被人体吸收,而且在体内蓄积。它能诱发皮肤溃疡、贫血、肾炎及神经炎等。因此,我国已把六价铬规定为实施总量控制的指标之一。工业废水排放时要求其排放量不超过 0.3 mg/L,而生活饮用水和地面水,则要求六价铬的含量不超过 0.05 mg/L。即使是六价铬,不同化合物的毒性也不相同,尽管三价铬化合物的毒性较低,但其对鱼类的毒性却很大。

铬的污染来源主要是含铬矿石的加工、金属表面的处理(电镀)、皮革鞣制、印染等行业。六价铬的去除方法通常是在酸性条件下用还原剂将六价铬还原成三价铬,然后在碱性条件下将三价铬沉淀为氢氧化铬,经过滤去除。

水中铬的测定方法有分光光度法、原子吸收光谱法、ICP-AES 法、滴定法等。本实验采用分光光度法测定水中的铬,该方法适用于地面水和工业废水中总铬和六价铬的测定。

1)实验目的

①了解水中铬的存在形式及其性质;
②掌握用分光光度法测定六价铬和总铬的原理及方法;
③熟练掌握分光光度计的测试操作。

2)实验原理

在酸性溶液中,六价铬与二苯碳酰二肼反应生成紫红色化合物,其最大吸收波长为540 nm,因此可用分光光度法进行六价铬含量的测定。

　　对于总铬,在酸性条件下,对于同时含有六价铬和三价铬的试样,将三价铬先用高锰酸钾氧化成六价铬,过量的高锰酸钾再用亚硝酸钠分解,而过量的亚硝酸钠再被尿素分解,经过这种处理后的试样,加入二苯碳酰二肼显色剂后,用分光光度法测定其含量。将总铬的含量减去试样直接测得的六价铬的含量,即可得三价铬的含量。

　　试样体积为50 mL,使用光程长为30 mm的比色皿,本方法的最小检出量为0.2 μg铬,最低检出浓度为0.004 mg/L,使用光程长为10 mm的比色皿,测定上限浓度为1.0 mg/L。

3)实验仪器和试剂

(1)仪器

一般实验室仪器和分光光度计。

【注】 所有玻璃器皿内壁须光洁,以免吸附铬离子。不得用重铬酸钾洗液洗涤,可用硝酸、硫酸混合液或合成洗涤液洗涤,洗涤后要冲洗干净。

(2)试剂

所用试剂除另有说明外,均使用符合国家标准或专业标准的分析纯试剂和蒸馏水或同等纯度的水,所有试剂应不含铬。

①丙酮(C_3H_6O)。

②(1+1)硫酸:将硫酸(H_2SO_4,$\rho=1.84$ g/mL,优级纯)缓缓加入同体积水中,混匀。

③(1+1)磷酸:将磷酸(H_3PO_4,$\rho=1.69$ g/mL)与水等体积混合。

④硝酸(HNO_3,$\rho=1.42$ g/mL)。

⑤氯仿($CHCl_3$)。

⑥高锰酸钾:40 g/L溶液。称取高锰酸钾($KMnO_4$)4 g,在加热和搅拌下溶于水,最后稀释至100 mL。

⑦尿素:200 g/L溶液。称取尿素[$(NH_2)_2CO$]20 g,溶于水中稀释至100 mL。

⑧亚硝酸钠:20 g/L溶液。称取亚硝酸钠($NaNO_2$)2 g,溶于水并稀释至100 mL。

⑨(1+1)氢氧化铵:氨水($NH_3 \cdot H_2O$,$\rho=0.90$ g/mL)与等体积水混合。

⑩5%铜铁试剂:称取铜铁试剂[$C_6H_5N(NO)ONH_4$]5 g,溶于冰水中并稀释至100 mL,临用时现配。

⑪铬标准贮备溶液($\rho=0.100\ 0$ g/L):称取于110 ℃干燥2 h的重铬酸钾($K_2Cr_2O_7$,优级纯)(0.282 9±0.000 1)g,用水溶解后移入1 000 mL容量瓶中,用水稀释至标线,摇匀。此溶液1 mL含0.10 mg铬。

⑫铬标准溶液($\rho=1$ mg/L):吸取5.00 mL铬标准贮备溶液置于500 mL容量瓶中,用水稀释至标线,摇匀。此溶液1 mL含1.00 μg铬。使用当天配制。

⑬铬标准溶液($\rho=5$ mg/L):吸取25.00 mL铬标准贮备溶液置于500 mL容量瓶中,用水稀释至标线,摇匀。此溶液1 mL含5.00 μg铬。使用当天配制。

⑭显色剂(Ⅰ):称取二苯碳酰二肼($C_{13}H_{14}N_4O$)0.2 g,溶于50 mL丙酮中,加水稀释至100 mL,摇匀。贮于棕色瓶中,置冰箱中,颜色变深后,不能使用。

⑮显色剂(Ⅱ):称取二苯碳酰二肼2 g,溶于50 mL丙酮中,加水稀释至100 mL,摇匀。贮于棕色瓶中,置冰箱中,颜色变深后,不能使用。

⑯氢氧化锌共沉淀剂:称取硫酸锌($ZnSO_4 \cdot 7H_2O$)8 g,溶于 100 mL 水中;称取氢氧化钠2.4 g,溶于新煮沸冷却的 120 mL 水中。用时将两溶液混合。

4)实验步骤

(1)水样的预处理

①测定六价铬水样的预处理方法。

a. 样品中不含悬浮物,是低色度的清洁地面水可直接测定。

b. 色度校正:如样品有色但不太深时,可进行色度校正。即另取一份水样,加入除显色剂以外的各种试剂,以 2 mL 丙酮代替显色剂,用此溶液为测定样品溶液吸光度的参比溶液。

c. 锌盐沉淀分离法:对混浊、色度较深的样品可用此法前处理。

取适量样品(含六价铬少于 100 μg)于 150 mL 烧杯中,加水至 50 mL。滴加氢氧化钠溶液,调节溶液 pH 值为 7~8。在不断搅拌下,滴加氢氧化锌共沉淀剂至溶液 pH 为 8~9。将此溶液转移至 100 mL 容量瓶中,加水稀释至标线。用慢速滤纸干过滤,弃去 10~20 mL 初滤液,取其中 50.0 mL 滤液供测定。

d. 二价铁、亚硫酸盐、硫代硫酸盐等还原性物质的消除:取适量样品(含六价铬少于50 μg)于 50 mL 比色管中,用水稀释至标线,加入 4 mL 显色剂(Ⅱ)混匀,放置 5 min 后,加入1 mL(1+1)硫酸溶液摇匀。5~10 min 后,在 540 nm 波长处,用 10 或 30 mm 光程的比色皿,以水做参比,测定吸光度。扣除空白试验测得的吸光度后,从标准曲线查得六价铬含量。用同法做标准曲线。

e. 次氯酸盐等氧化性物质的消除:取适量样品(含六价铬少于 50 μg)于 50 mL 比色管中,用水稀释至标线,加入 0.5 mL(1+1)硫酸溶液、0.5 mL(H_1)氢氧化铵磷酸溶液、1.0 mL 尿素溶液,摇匀,逐滴加入 1 mL 亚硝酸钠溶液,边加边摇,以除去由过量的亚硝酸钠与尿素反应生成的气泡,待气泡除尽后,以下步骤同下述(3)水样的测定步骤(免去加硫酸溶液和磷酸溶液)。

②测定总铬水样的预处理。

a. 一般清洁地表水可直接用高锰酸钾氧化后测定。

b. 对含大量有机物的水样,需进行消解处理。取 50 mL 或适量(含铬少于 50 μg)水样,置于 100 mL 烧杯中,加入 5 mL 硝酸和 3 mL 硫酸,加热蒸发至冒白烟。如溶液仍有色,再加入5 mL硝酸,重复上述操作,至溶液清澈,冷却,用水稀释至约 10 mL,用(H_1)氢氧化铵溶液中和至 pH 为 1~2,移入 50 mL 容量瓶中,用水稀释至标线,摇匀,供测定。

c. 如果水样中钼、钒、铁、铜等含量较大,先用铜铁试剂和氯仿萃取除去,然后再进行消解处理。取 50.0 mL 或适量样品(铬含量少于 50 μg),置 100 mL 分液漏斗中,用(1+1)氢氧化铵溶液调至中性(加水至 50 mL)。加入 3 mL(1+1)硫酸溶液。用冰水冷却后,加入 5 mL 铜铁试剂后振摇 1 min,置冰水中冷却 2 min。每次用 5 mL 氯仿共萃取 3 次,弃去氯仿层。将水层移入锥形瓶中,用少量水洗涤分液漏斗,洗涤水亦并入锥形瓶中。加热煮沸,使水层中氯仿挥发后,按硝酸-硫酸消解(测定总铬水样的预处理步骤 b))和高锰酸钾消解(测定总铬水样的预处理步骤 d)处理。

d. 高锰酸钾氧化三价铬:取 50.0 mL 或适量(铬含量少于 50 μg)清洁水样或经预处理的

水样于 150 mL 锥形瓶中,用氨水溶液和硫酸溶液调至中性,加入几粒玻璃珠,加入(1 + 1)硫酸和(1 + 1)磷酸各 0.5 mL(如不足 50.0 mL,用水补充至 50.0 mL),摇匀。加入 40 g/L 高锰酸钾溶液两滴,如紫色消退,则继续滴加高锰酸钾溶液至保持紫色。加热煮沸至溶液剩约 20 mL。冷却后,加入 1 mL 200 g/L 的尿素溶液,摇匀。用滴管加 20 g/L 亚硝酸钠溶液,每加一滴充分摇匀,至紫色刚好消失。稍停片刻,待溶液内气泡逸尽,转移至 50 mL 比色管中,稀释至标线,供测定。

(2)标准曲线的绘制

取 9 支 50 mL 具塞比色管,依次加入 0,0.20,0.50,1.00,2.00,4.00,6.00,8.00 和 10.00 mL 铬标准使用液,用水稀释至标线。加入 2.5 mL 显色剂(Ⅰ)溶液,摇匀。5 ~ 10 min 后,于 540 nm 波长处,用 10 或 30 mm 的比色皿,以水为参比,测定吸光度并作空白校正。以吸光度为纵坐标,相应六价铬含量为横坐标绘出标准曲线。

(3)水样的测定

取适量(含六价铬少于 50 μg)无色透明或经预处理的水样于 50 mL 具塞比色管中用水稀释至标线,测定方法同标准溶液。进行空白校正后根据所测吸光度从标准曲线上查得六价铬质量。

5)计算

$$\rho = \frac{m}{V}$$

式中 m——从标准曲线上查得的六价铬的质量,μg;

   V——水样体积,mL。

6)注意事项

①用于测定铬的玻璃器皿不应用重铬酸钾洗液洗涤。

②Cr^{6+} 与显色剂的显色反应一般控制酸度在 0.05 ~ 0.3 mol/L($1/2H_2SO_4$)范围,以 0.2 mol/L 时显色最好。显色前,水样应调至中性。显色温度和放置时间对显色有影响,在 15 ℃时,5 ~ 15 min 颜色即可稳定。

③如测定清洁地面水样,显色剂可按以下方法配制:溶解 0.2 g 二苯碳酰二肼于 100 mL 95%的乙醇中,边搅拌边加入(1 + 9)硫酸 400 mL。该溶液在冰箱中可存放一个月。用此显色剂,在显色时直接加入 2.5 mL 即可,不必再加酸。但加入显色剂后,要立即摇匀,以免 Cr^{6+} 可能被乙酸还原。

7)思考题

①影响测定准确度的因素有哪些?如何减少干扰?

②水中铬的分析方法有哪些?比较各种测定方法的特点。

实验五　环境水样中溶解氧的测定
——碘量法

此法依据《水质 溶解氧的测定 碘量法》(GB 7489—87),采用碘量法对环境水样中溶解氧进行测定。溶解于水中的分子态氧称为溶解氧。水中的溶解氧与大气压力、水温及含盐量等因素有关。大气压力下降、水温升高、含盐量增加,都会导致水中溶解氧的含量降低。

清洁地表水溶解氧接近饱和,当有大量藻类繁殖时,溶解氧可能过饱和;当水体受到有机物质和无机还原物质污染时,会使水中溶解氧含量降低,甚至趋于零,此时厌氧细菌繁殖活跃,水质恶化。一般规定水中的溶解氧至少在 4 mg/L 以上。在废水生化处理过程中,溶解氧也是一项重要的控制指标。

测定水中溶解氧的方法有碘量法和氧电极法。清洁水可用碘量法,受污染的地面水和工业废水必须用修正碘量法或氧电极法。本实验采用碘量法测定水中的溶解氧,为避免干扰补充了修正碘量法。

1) 实验目的

①了解测定溶解氧的环境化学意义及方法;
②掌握碘量法测定水样中溶解氧的基本原理和方法。

2) 实验原理

水样中加入硫酸锰和碱性碘化钾,水中的溶解氧将二价锰氧化成四价锰,并生成氢氧化物沉淀。加酸后,沉淀溶解,四价锰又可氧化碘离子而释放出与溶解氧量相当的游离碘。以淀粉为指示剂,用硫代硫酸钠标准溶液滴定释放出的碘,可计算出溶解氧含量。

3) 实验仪器和试剂

(1) 仪器
常用实验室设备及 250 ~ 300 mL 溶解氧瓶。

(2) 试剂
①硫酸锰溶液:称取 480 g 硫酸锰($MnSO_4 \cdot 4H_2O$)或 364 g $MnSO_4 \cdot H_2O$ 溶于水,用水稀释至 1 000 mL,此溶液加至酸化过的碘化钾溶液中,与淀粉不再产生蓝色。

②碱性碘化钾溶液:称取 500 g 氢氧化钠溶解于(300 ~ 400) mL 水中,另取 150 g 碘化钾(或 135 g 碘化钠)溶于 200 mL 水中,待氢氧化钠溶液冷却后,将两溶液合并、混匀,用水稀释至 1 000 mL。如有沉淀,则放置过夜后,倾出上清液,贮于棕色瓶中。用橡皮塞塞紧,避光保存。此溶液酸化后,遇淀粉不应呈蓝色。

③(1 + 5)硫酸溶液。

④1% 淀粉溶液:称取 1 g 可溶性淀粉,用少量水调成糊状,再用刚煮沸的水冲稀至 100 mL。冷却后,加入 0.1 g 水杨酸和 0.4 g 氯化锌防腐。

⑤重铬酸钾标准溶液[$c(1/6K_2Cr_2O_7) = 0.025\ 0$ mol/kJ]:称取于 105~110 ℃烘干 2 h 并冷却的有机纯重铬酸钾 1.225 8 g,溶于水,移入 1 000 mL 容量瓶中,用水稀释至标线,摇匀。

⑥硫代硫酸钠溶液:称取 3.2 g 硫代硫酸钠($Na_2S_2O_3 \cdot 5H_2O$)溶于煮沸冷却的水中,加入 0.2 g 碳酸钠,用水稀释至 1 000 mL,贮于棕色瓶中,使用前用 0.025 0 mol/L 重铬酸钾标准溶液标定,标定方法如下:

于 250 mL 碘量瓶中,加入 100 mL 水和 1 g 碘化钾,加入 10.00 mL 0.025 0 mol/L 重铬酸钾标准溶液、5 mL 硫酸溶液,密塞、摇匀。于暗处静置 5 min 后,用硫代硫酸钠溶液滴定至溶液呈淡黄色,加入 1 mL 淀粉溶液,继续滴定至蓝色刚好褪去为止,记录用量。

$$M = \frac{10.00 \times 0.025\ 0}{V}$$

式中　M——硫代硫酸钠溶液的浓度,mol/L;

　　　V——滴定时消耗硫代硫酸钠溶液的体积,mL。

4)实验步骤

(1)溶解氧的固定

用吸管插入溶解氧瓶的液面下,加入 1 mL 硫酸锰溶液、2 mL 碱性碘化钾溶液,盖好瓶盖,颠倒混合数次,静置。待棕色沉淀物降至瓶内一半时,再颠倒混合一次,待沉淀物下降到瓶底。一般在取样现场固定。

(2)析出碘

轻轻打开瓶塞,立即用吸管插入液面下加入 2.0 mL 硫酸。小心盖好瓶塞,颠倒混合摇匀至沉淀物全部溶解为止,放置暗处 5 min。

(3)滴定

移取 100.0 mL 上述溶液于 250 mL 锥形瓶中,用硫代硫酸钠滴定至溶液呈淡黄色,加入 1 mL 淀粉溶液,继续(用硫代硫酸钠)滴定至蓝色刚好褪去为止,记录硫代硫酸钠溶液用量。

5)计算

$$溶解氧 = \frac{M \cdot V \times 8 \times 1\ 000}{100}$$

式中　M——硫代硫酸钠溶液的浓度,mol/L;

　　　V——滴定时消耗硫代硫酸钠溶液的体积,mL。

6)注意事项

①如果水样中含有氧化性物质(如游离氯大于 0.1 mg/L 时),应预先于水样中加入硫代硫酸钠去除。即用两个溶解氧瓶各取一瓶水样,在其中一瓶加入 5 mL 硫酸和 1 g 碘化钾,摇匀,此时游离出碘。以淀粉作指示剂,用硫代硫酸钠滴定至蓝色刚褪,记下用量。于另一瓶水样中,加入同样量的硫代硫酸钠溶液,摇匀后,按操作步骤测定。

②如果水样呈强酸性或强碱性,可用氢氧化钠或硫酸液调至中性后测定。

③水样中亚硝酸盐含量超过 50 μg/L,亚铁离子不超过 1 mg/L 时,可采用叠氮化钠修正

法。当水样中只含有大量亚铁离子,不含其他还原物质时,可采用高锰酸钾修正法。

7) 思考题

①为什么在对溶解氧进行测定之前,要对水样进行保存?

②哪些物质存在会干扰测定,根据不同的干扰物质可采取什么样的修正方法?

附:修正的碘量法

叠氮化钠修正法

(1)试剂和仪器

①碱性碘化钾——叠氮化钠溶液:溶解 500 g 氢氧化钠于 300 ~ 400 mL 水中;溶解 150 g 碘化钾(或 135 g 碘化钠)于 200 mL 水中;溶解 10 g 叠氮化钠于 40 mL 水中。待氢氧化钠冷却后,将上述 3 种溶液混合,加水稀释至 1 000 mL,贮于棕色瓶中。用橡皮塞塞紧,避光保存。

②40% 氟化钾溶液:称取 40 g 氟化钾($KF \cdot 2H_2O$)溶于水中,用水稀释至 100 mL,贮于聚乙烯瓶中。

③其他试剂及使用的仪器同碘量法。

(2)步骤

同碘量法。仅将试剂碱性碘化钾溶液改为碱性碘化钾——叠氮化钠溶液。如水样中含有 Fe^{3+} 干扰测定,则在水样采集后,用吸管插入液面下加入 1 mL 40% 氟化钾溶液,1 mL 硫酸锰溶液和 2 mL 碱性碘化钾——叠氮化钠溶液,盖好瓶盖,混匀。以下步骤同碘量法。

(3)计算

同碘量法。

(4)注意事项

叠氮化钠是一种剧毒、易爆试剂,不能将碱性碘化钾——叠氮化钠溶液直接酸化,否则可能产生有毒的叠氮酸雾。

高锰酸钾修正法

该方法适用于含大量亚铁离子,不含其他还原剂及有机物的水样。用高锰酸钾氧化亚铁离子,消除干扰,过量的高锰酸钾用草酸钠溶液除去,生成的高价铁离子用氟化钾掩蔽。其他同碘量法。

实验六 水中化学需氧量的测定
——重铬酸钾法

此法依据《水质 化学需氧量的测定 重铬酸钾法》(GB 11914—89),采用重铬酸钾法测定水样中的化学需氧量。

化学需氧量(COD),是在一定条件下,用一定的强氧化剂处理水样时所消耗的氧化剂的量,以氧的 mg/L 表示。它是表征水体还原性物质的综合性指标。水体中还原性物质包括各种有机物、亚硝酸盐、亚铁盐和硫化物等,但水样受有机物污染极为普遍且含量相对于无机还原物而言大得多。除特殊水样外,还原性物质主要是有机物,组成有机化合物的 C,N,P,S 等元素往往处于较低的氧化态。因此,化学需氧量可以间接说明水体受有机物污染的程度。

根据所用的氧化剂不同,化学需氧量分为高锰酸钾法和重铬酸钾法。高锰酸钾法操作简便,所需时间短,在一定程度上可以说明水体受有机物污染的状况,常被用于污染程度较轻的水体。重铬酸钾法对有机物的氧化比较完全,适用于各种水样,在我国应用较广,已成为每一个监测站必备的监测手段。

在化学需氧量的测定中,氧化剂的浓度、反应溶液的酸度、试剂的加入顺序、反应的时间和温度等条件对测定结果均有影响。因此,化学需氧量是一个条件性指标,必需严格按照操作步骤进行。本实验采用回流滴定法测定废水的 COD_{cr} 值。

1) 实验目的

①掌握用重铬酸钾标准方法测定化学需氧量的原理和方法;
②熟悉并掌握标定实验,尤其是指示试剂的使用;
③理解有机物综合指标的含义及测定方法。

2) 实验原理

在强酸性溶液中,用过量的重铬酸钾将水样中的还原物质(主要是有机物)氧化。剩余的重铬酸钾以试亚铁灵作指示剂,用硫酸亚铁铵溶液回滴。根据用量算出水样中还原性物质所消耗氧的量。

酸性重铬酸钾氧化性很强,可氧化大部分有机物,加入硫酸银作催化剂时,直链脂肪族化合物可完全氧化,而芳香族有机物却不易被氧化,挥发性直链脂肪族化合物、苯等有机物存在于蒸汽相中,不能与氧化剂液体接触,氧化不明显。氯离子能被重铬酸钾氧化,并且能与硫酸银作用生成沉淀,影响测定结果,故在回流前向废水中加入硫酸汞,使氯离子成为络合物,从而消除氯离子的干扰。氯离子含量高于 1 000 mg/L 的样品应先作定量稀释,使含量降低至 1 000 mg/L 以下,再行测定。用 0.25 mol/L 浓度的重铬酸钾溶液可测定浓度大于 50 mg/L 的 COD 值;用 0.025 mol/L 浓度的重铬酸钾溶液可测定 5 ~ 50 mg/L 的 COD 值,但准确度较差。

3) 实验仪器和试剂

(1)仪器
①回流装置:带 250 mL 锥形瓶的全玻回流装置。如取样量在 30 mL 以上,则采用 500 mL 锥形瓶的全玻蒸馏装置。
②加热装置:六联变阻电炉。
③滴定管:50 mL 酸式滴定管。
④锥形瓶:250 mL、500 mL。
⑤容量瓶:100 mL、1 000 mL。
⑥移液管:若干。
(2)试剂
①重铬酸钾标准溶液[$c(1/6K_2CrO_7)$ = 0.250 0 mL/L]:称取预先在 105 ~ 110 ℃烘干 2 h

并冷却的基准或优级纯重铬酸钾 12.258 g 溶于水中,移入 1 000 mL 容量瓶,稀释至标线,摇匀。

②试亚铁灵指示剂溶液:称取 1.485 g 邻菲罗啉($C_{12}H_8N_2 \cdot H_2O$),0.695 g 硫酸亚铁($FeSO_4 \cdot 7H_2O$)溶于水,稀释至 100 mL,摇匀,贮于棕色试剂瓶中。

③硫酸亚铁铵标准溶液[$FeSO_4(NH_4)_2SO_4 \cdot 6H_2O$ = 0.1 mol/L]:称取 39.2 g 硫酸亚铁铵[$FeSO_4(NH_4)_2SO_4 \cdot 6H_2O$]溶于水中,边搅拌边缓慢加入 20 mL 浓硫酸,冷却后移入 1 000 mL 容量瓶中,加水稀释至标线,摇匀。临用前,必须用重铬酸钾标准溶液标定。

标定方法:准确吸取 10.00 mL 重铬酸钾标准溶液于 500 mL 锥形瓶中,加水稀释至 110 mL,缓慢加入 30 mL 浓硫酸,混匀。冷却后,加入 3 滴试亚铁灵指示剂(约 0.15 mL),用硫酸亚铁铵标准溶液滴定到溶液由黄色经蓝绿至刚变为红褐色为止。

硫酸亚铁铵溶液的浓度可由下式计算:

$$N = \frac{0.250\ 0 \times 10.00}{V}$$

式中　N——硫酸亚铁铵标准溶液的浓度,mol/L;

　　　V——硫酸亚铁铵标准滴定溶液的用量,mL。

④硫酸-硫酸银溶液:于 500 mL 浓硫酸中加入 5 g 硫酸银,放置 1～2 d,不时摇动使其溶解。

⑤硫酸汞:结晶或固体粉末。

4)实验步骤

①移取 20.0 mL 混合均匀的水样(或适量废水稀释至 20.0 mL)于 250 mL 磨口的回流锥形瓶中,准确加入 10.00 mL 重铬酸钾标准溶液及数粒玻璃珠或沸石(以防爆沸),连接磨口回流冷凝管,从冷凝管上口慢慢地加入 30 mL 硫酸-硫酸银溶液,轻轻摇动锥形瓶使溶液混合均匀,加热回流 2 h(溶液沸腾计时)。

【注】　如水样中氯离子含量超过 30 mg/L 时,应按下述操作处理。先把 0.4 g 硫酸汞加入回流锥形瓶中,再加入 20.0 mL 混合均匀的水样(或适量废水稀释至 20.0 mL)于 250 mL 磨口的回流锥形瓶中,摇匀。准确加入 10.00 mL 重铬酸钾标准溶液及数粒玻璃珠或沸石,慢慢加入 30 mL 硫酸-硫酸银溶液,边加边摇,使溶液混合均匀,加热回流 2 h(溶液沸腾计时)。

②冷却后,用 90 mL 水冲洗冷凝管壁,然后取下锥形瓶。再用水稀释至约 140 mL(溶液总体积不少于 140 mL,否则酸度太大滴定终点不明显)。

③溶液再度冷却后,加 3 滴试亚铁灵指示剂,用硫酸亚铁铵标准溶液滴定,溶液的颜色由黄色经蓝绿至红褐色即为终点,记录滴定时消耗的硫酸亚铁铵标准溶液的毫升数 V_1。

④在测定水样的同时,以 20 mL 蒸馏水,按同样操作步骤作空白实验。记录滴定时所消耗的硫酸亚铁铵标准溶液的毫升数 V_0。

5)计算

$$COD_{Cr} = \frac{8 \times 1\ 000 \times N \times (V_0 - V_1)}{V}$$

式中 N——硫酸亚铁铵标准溶液的浓度,mol/L;

  V_1——滴定水样时消耗的硫酸亚铁铵标准溶液的毫升数;

  V_0——滴定空白时消耗的硫酸亚铁铵标准溶液的毫升数;

  V——水样的体积,mL;

  8——氧$\left(\dfrac{1}{2}O\right)$摩尔质量,g/mol。

6)注意事项

①使用0.4 g硫酸汞络合氯离子的最高量可达40 mg,如取用20.00 mL水样,即最高可络合2 000 mg/L氯离子浓度的水样。若氯离子浓度较低,也可少加硫酸汞,使保持硫酸汞:氯离子 =10:1(质量比)。若出现少量氯化汞沉淀,并不影响测定。

②对于污染严重的化学需氧量较高的水样,可先取上述操作所需体积1/10的废水样和试剂放入试管中,摇匀,加热后观察溶液是否变绿,如变绿,说明水样的化学需氧量太高,再适量减少水样试之,至溶液不变绿为止,从而确定测定时所取水样的体积。稀释时所取水样量不得少于5 mL,对COD值高的水样,而应多次稀释。

③对于化学需氧量少于50 mg/L的水样,应改用0.025 0 mol/L的重铬酸钾标准溶液。回滴时,用0.01 mol/L硫酸亚铁铵标准溶液。

④水样加热回流后,溶液中重铬酸钾剩余量应为加入量的1/5～4 /5为宜。

⑤水样经回流加热,必须冷却后才能加试亚铁灵指示剂,以免指示剂在热酸溶液中分解。

⑥水样取用体积可变动范围为10.0～50.0 mL,但试剂用量及浓度,需按表5.1进行相应调整,这样才能得到满意的结果。

表5.1 水样取用量和试剂用量

水样体积 /mL	0.250 0 mol/L 重铬酸钾溶液 /mL	硫酸—硫酸银 /mL	硫酸汞 /g	硫酸亚铁铵 标准溶液浓度 /(mol·L^{-1})	滴定前总体积 /mL
10.0	5.0	15	0.2	0.050	70
20.0	10.0	30	0.4	0.100	140
30.0	15.0	45	0.6	0.150	210
40.0	20.0	60	0.8	0.200	280
50.0	25.0	75	1.0	0.250	350

⑦用邻苯二甲酸氢钾标准溶液检查试剂的质量和操作技术时,可配制0.425 1 g/L邻苯二甲酸氢钾溶液,用上述方法测其COD$_{cr}$值为490～500 mg/L,如果在此范围外,则应对试验过程进行全面检查。

⑧COD$_{Cr}$的测定结果一般保留3位有效数字。

⑨当水样不能立即测定时,应加入硫酸调pH<2,并在温度为4 ℃的情况下可保存7 d。

⑩每次实验时,应对硫酸亚铁铵标准溶液进行标定,室温较高时尤其应注意其浓度的变化。

⑪仪器洗涤时不能用铬酸洗液,应用硝酸洗液。

7)思考题

①化学需氧量测定时加入硫酸汞和硫酸银的目的是什么?

②设想试剂加入顺序错误时会出现什么情况? 为什么?

③测定水样时为什么需作空白校正?

实验七 五日生化需氧量的测定
——稀释与接种法

此法依据《水质 五日生化需氧量的测定 稀释与接种法》(HJ 505—2009),采用稀释与接种法测定五日生化需氧量(BOD₅)。

生化需氧量(Biochemical Oxygen Demand,BOD),是指在规定的条件下,微生物分解存在于水中的某些可氧化物质(特别是有机物)所进行的生物化学过程中消耗的溶解氧的量,用以间接表示水中可被微生物降解的有机物的含量,是反映有机物污染的重要类别指标之一。测定 BOD 的方法有稀释与接种法、微生物电极法、库伦滴定法、压差法等。本实验采用稀释与接种法测定五日生化需氧量。

1)实验目的

①掌握用稀释与接种法测定五日生化需氧量的基本原理与方法;

②熟悉溶解氧(DO)的测定方法;

③掌握生化需氧量作为有机污染物指标的意义。

2)实验原理

生化需氧量是指在规定的条件下,微生物分解水中的某些可氧化的物质,特别是分解有机物的生物化学过程消耗的溶解氧。通常情况下是指水样充满完全密闭的溶解氧瓶中,在 (20 ± 1) ℃的暗处培养 5 d ± 4 h 或 $(2+5)$ d ± 4 h[先在 0 ~ 4 ℃的暗处培养 2 d,接着在 (20 ± 1) ℃的暗处培养 5 d,即培养 $(2+5)$ d],分别测定培养前后水样中溶解氧的质量浓度,由培养前后溶解氧的质量浓度之差,计算每升样品消耗的溶解氧量,以 BOD₅ 形式表示。

若样品中的有机物含量较多,BOD₅ 的质量浓度大于 6 mg/L,样品需适当稀释后测定;对不含或含微生物少的工业废水,如酸性废水、碱性废水、高温废水、冷冻保存的废水或经过氯化处理等的废水,在测定 BOD₅ 时应进行接种,以引进能分解废水中有机物的微生物。当废水中存在难以被一般生活污水中的微生物以正常速度降解的有机物或含有剧毒物质时,应将驯化后的微生物引入水样中进行接种。

3) 实验仪器和试剂

(1) 仪器

①滤膜:孔径为 1.6 μm。

②溶解氧瓶:带水封装置,容积 250 ~ 300 mL。

③稀释容器:1 000 ~ 2 000 mL 的量筒或容量瓶。

④虹吸管:供分取水样或添加稀释水。

⑤溶解氧测定仪。

⑥冷藏箱:0 ~ 4 ℃。

⑦冰箱:有冷冻和冷藏功能。

⑧带风扇的恒温培养箱:(20 ± 1)℃。

⑨曝气装置:多通道空气泵或其他曝气装置;曝气可能带来有机物、氧化剂和金属,导致空气污染,如有污染,空气应过滤清洗。

(2) 试剂

所用试剂除另有说明外,分析时均使用符合国家标准的分析纯化学试剂。

①水:实验用水为符合 GB/T 6682 规定的用蒸馏或离子交换法制取的三级蒸馏水,且水中铜离子的质量浓度不大于 0.01 mg/L,不含有氯或氯胺等物质。

②接种液:可购买接种微生物用的接种物质,接种液的配制和使用按说明书的要求操作,也可按以下方法获得接种液:

a. 未受工业废水污染的生活污水:化学需氧量不大于 300 mg/L,总有机碳不大于100 mg/L。

b. 含有城镇污水的河水或湖水。

c. 污水处理厂的出水。

d. 分析含有难降解物质的工业废水时,在其排污口下游适当处取水样作为废水的驯化接种液,也可取中和或经适当稀释后的废水进行连续曝气,每天加入少量该种废水,同时加入少量生活污水,使适应该种废水的微生物大量繁殖。当水中出现大量的絮状物时,表明微生物已繁殖,可用作接种液。一般驯化过程需 3 ~ 8 d。

③盐溶液:

a. 磷酸盐缓冲溶液:将 8.5 g 磷酸二氢钾(KH_2PO_4)、21.8 g 磷酸氢二钾(K_2HPO_4)、33.4 g 七水合磷酸氢二钠($Na_2HPO_4 \cdot 7H_2O$)和 1.7 g 氯化铵(NH_4Cl)溶于水中,稀释至1 000 mL,此溶液在 0 ~ 4 ℃可稳定保存 6 个月。此溶液的 pH 值为 7.2。

b. 硫酸镁溶液,$\rho(MgSO_4) = 11.0$ g/L:将 22.5 g 七水合硫酸镁($MgSO_4 \cdot 7H_2O$)溶于水中,稀释至 1 000 mL,此溶液在 0 ~ 4 ℃可稳定保存 6 个月,若发现任何沉淀或微生物生长应弃去。

c. 氯化钙溶液,$\rho(CaCl_2) = 27.6$ g/L:将 27.6 g 无水氯化钙($CaCl_2$)溶于水中,稀释至1 000 mL,此溶液在 0 ~ 4 ℃可稳定保存 6 个月,若发现任何沉淀或微生物生长应弃去。

d. 氯化铁溶液,$\rho(FeCl_3) = 0.15$ g/L:将 0.25 g 六水合氯化铁($FeCl_3 \cdot 6H_2O$)溶于水中,稀释至 1 000 mL,此溶液在 0 ~ 4 ℃可稳定保存 6 个月,若发现任何沉淀或微生物生长应弃去。

④稀释水:在5~20 L的玻璃瓶中加入一定量的水,控制水温在(20±1)℃,用曝气装置至少曝气1 h,使稀释水中的溶解氧达到8 mg/L以上。使用前每升水中加入上述4种盐溶液各1.0 mL,混匀,20 ℃保存。在曝气的过程中防止污染,特别是防止带入有机物、金属、氧化物或还原物。

稀释水中氧的质量浓度不能过饱和,使用前需开口放置1 h,且应在24 h内使用。剩余的稀释水应弃去。

⑤接种稀释水:根据接种液的来源不同,每升稀释水中加入适量接种液:城市生活污水和污水处理厂出水加1~10 mL,河水或湖水加10~100 mL,将接种稀释水存放在(20±1)℃的环境中,当天配制当天使用。接种的稀释水pH值为7.2,BOD_5应小于1.5 mg/L。

⑥盐酸溶液,$c(HCl) = 0.5$ mol/L:将40 mL HCl溶于水中,稀释至1 000 mL。

⑦氢氧化钠溶液,$c(NaOH) = 0.5$ mol/L:将20 g NaOH溶于水中,稀释至1 000 mL。

⑧亚硫酸钠溶液,$c(Na_2SO_3) = 0.025$ mol/L:将1.575 g Na_2SO_3溶于水中,稀释至1 000 mL。此溶液不稳定,需现用现配。

⑨葡萄糖-谷氨酸标准溶液:将葡萄糖($C_6H_{12}O_6$,优级纯)和谷氨酸($HOOC-CH_2-CH_2-CHNH_2-COOH$,优级纯)在130 ℃干燥1 h,各称取150 mg溶于水中,在1 000 mL容量瓶中稀释至标线。此溶液的BOD_5为(210±20)mg/L,现用现配。该溶液也可少量冷冻保存,溶化后立刻使用。

⑩丙烯基硫脲硝化抑制剂,$\rho(C_4H_8N_2S) = 1.0$ g/L:溶解0.20 g丙烯基硫脲($C_4H_8N_2S$)于200 mL水中混合,4 ℃保存,此溶液可稳定保存14 d。

⑪乙酸溶液,1+1。

⑫碘化钾溶液,$\rho(KI) = 100$ g/L:将10 g KI溶于水中,稀释至100 mL。

⑬淀粉溶液,$\rho = 5$ g/L:将0.50 g淀粉溶于水中,稀释至100 mL。

4)实验步骤

(1)水样的预处理

①水样的pH的范围若不在6~8内,可用盐酸或氢氧化钠稀溶液调节。

②水样中含有铜、铅、锌、镉、铬、砷、氰等有毒物质时,可使用含驯化接种液的接种稀释水进行稀释,或提高稀释倍数,降低毒物的浓度。

③含有少量游离氯的水样,一般放置1~2 h,游离氯即可消散。对于游离氯在短时间内不能消散的水样,可加入亚硫酸钠溶液以去除。其加入量的计算方法是:取中和好的水样100 mL,加入(1+1)乙酸10 mL、100 g/L碘化钾溶液1 mL,混匀,暗处静置5 min。以淀粉溶液为指示剂,用亚硫酸钠标准溶液滴定游离碘。根据亚硫酸钠标准溶液消耗的体积及其浓度计算水样中所需加入的亚硫酸钠溶液的量。

④含有大量颗粒物,需要较大稀释倍数的样品或经冷冻保存的样品,测定前均需将样品搅拌均匀。

⑤水样中含有大量藻类时,BOD_5测定结果会偏高,因此采用孔径为1.6 μm的滤膜过滤。

⑥若样品含盐量低,非稀释样品的电导率小于125 μS/cm时,需加入适量相同体积的4种盐溶液,使样品的电导率大于125 μS/cm。每升样品中至少需加入各种盐的体积V按下式计算:

$$V = \frac{\Delta K - 12.8}{113.6}$$

式中　V——需加入各种盐的体积,mL;

　　　ΔK——样品需要提高的电导率值,$\mu S/cm$。

(2)水样的测定

①非稀释法:

非稀释法分为两种情况,即非稀释法和非稀释接种法。

如样品中的有机物含量较少,BOD_5的质量浓度不大于6 mg/L,且样品中有足够的微生物,用非稀释法测定。若样品中的有机物含量较少,BOD_5的质量浓度不大于6 mg/L,但样品中无足够的微生物,如酸性废水、碱性废水、高温废水、冷冻保存的废水或经过氯化处理等的废水,采用非稀释接种法测定。

测定前待测试样的温度达到(20±2)℃,若样品中溶解氧浓度低,需要用曝气装置曝气15 min,充分振摇赶走样品中残留的空气泡;若样品中氧过饱和,将容器2/3 体积充满样品,用力振荡赶出过饱和氧,然后根据试样中微生物含量的情况确定测定方法。非稀释法可直接取样测定;非稀释接种法,每升试样中加入适量的接种液,待测定。若试样中含有硝化细菌,有可能发生硝化反应,需在每升试样中加入2 mL 丙烯基硫脲硝化抑制剂。

非稀释接种法,每升稀释水中加入与试样中相同量的接种液作为空白试样,需要时每升试样中加入2 mL 丙烯基硫脲硝化抑制剂。

a. 碘量法测定试样中的溶解氧。

将试样充满两个溶解氧瓶中,使试样少量溢出,防止试样中的溶解氧质量浓度改变,使瓶中存在的气泡靠瓶壁排出。将一瓶盖上瓶盖,加上水封,在瓶盖外罩上一个密封罩,防止培养期间水封水蒸发干,在恒温培养箱中培养5 d±4 h 或(2+5)d±4 h 后测定试样中溶解氧的质量浓度。另一瓶15 min 后测定试样在培养前溶解氧的质量浓度。

b. 电化学探头法测定试样中的溶解氧。

将试样充满一个溶解氧瓶中,使试样少量溢出,防止试样中的溶解氧质量浓度改变,使瓶中存在的气泡靠瓶壁排出。测定培养前试样中的溶解氧的质量浓度。盖上瓶盖,防止样品中残留气泡,加上水封,在瓶盖外罩上一个密封罩,防止培养期间水封水蒸发干。将试样瓶放入恒温培养箱中培养5 d±4 h 或(2+5)d±4 h。测定培养后试样中溶解氧的质量浓度。

②稀释与接种法:

稀释与接种法分为稀释法和稀释接种法两种情况。

若试样中的有机物含量较多,BOD_5的质量浓度大于6 mg/L,且样品中有足够的微生物,采用稀释法测定;若试样中的有机物含量较多,BOD_5的质量浓度大于6 mg/L,但试样中无足够的微生物,采用稀释接种法测定。

a. 稀释倍数的确定。

样品稀释的程度应使消耗的溶解氧质量浓度不小于2 mg/L,培养后样品中剩余溶解氧质量浓度不小于2 mg/L,且试样中剩余的溶解氧的质量浓度为开始浓度的1/3 ~2/3 为最佳。

稀释倍数可根据水样的总有机碳(TOC)、高锰酸盐指数(I_{Mn})或化学需氧量(COD)的测定值,按照表5.2 列出的 BOD_5 与 TOC、I_{Mn} 或 COD 的比值 R 估计 BOD_5 的期望值(R 与样品的类型有关),再根据表 5.3 确定稀释因子。当不能准确地选择稀释倍数时,一个样品作 2~3 个不同的稀释倍数。

表 5.2　典型的比值 R

水样类型	BOD_5/TOC	BOD_5/I_{Mn}	BOD_5/COD
未处理的废水	1.2~2.8	1.2~1.5	0.35~0.65
生化处理的废水	0.3~1.0	0.5~1.2	0.20~0.35

由表 5.2 中选择适当的 R 值,按下式计算 BOD_5 的期望值:

$$\rho = R \cdot Y$$

式中　ρ——五日生化需氧量浓度的期望值,mg/L;

　　　Y——总有机碳(TOC)、高锰酸盐指数(I_{Mn})或化学需氧量(COD)的值,mg/L。

由估算出的 BOD_5 的期望值,按表 5.3 确定样品的稀释倍数。

表 5.3　BOD_5 测定的稀释倍数

BOD_5 的期望值/$(mg \cdot L^{-1})$	稀释倍数	水样类型
6~12	2	河水,生物净化的城市污水
10~30	5	河水,生物净化的城市污水
20~60	10	生物净化的城市污水
40~120	20	澄清的城市污水或轻度污染的工业废水
100~300	50	轻度污染的工业废水或原城市污水
200~600	100	轻度污染的工业废水或原城市污水
400~1 200	200	重度污染的工业废水或原城市污水
1 000~3 000	500	重度污染的工业废水
2 000~6 000	1 000	重度污染的工业废水

b. 样品稀释。

按照确定的稀释倍数,将一定体积的试样或处理后的试样用虹吸管加入已加部分稀释水或接种稀释水的稀释容器中,加稀释水或接种稀释水至刻度,轻轻混合避免残留气泡,待测定。若稀释倍数超过 100 倍,可进行两步或多步稀释。

当分析结果精度要求较高或存在微生物毒性物质时,一个试样要作两个以上不同的稀释倍数,每个试样每个稀释倍数作平行双样同时进行培养。测定培养过程中每瓶试样氧的消耗量,并画出氧消耗量对每一稀释倍数试样中原样品的体积曲线。若此曲线呈线性,则此试样不含有任何抑制微生物的物质,即样品的测定结果与稀释倍数无关;若曲线仅在低浓度范围内呈线性,取线性范围内稀释比的试样测定结果计算平均 BOD_5 值。

c. 测定。

按不经稀释水样的测定步骤,进行装瓶,测定当天溶解氧和培养 5 d 后的溶解氧。

d. 空白样品。

稀释法测定,空白试样为稀释水,需要时在每升稀释水中加入 2 mL 丙烯基硫脲硝化抑制剂。稀释接种法测定,空白试样为接种稀释水,必要时每升接种稀释水中加入 2 mL 丙烯基硫脲硝化抑制剂。取两个溶解氧瓶,用虹吸法装满稀释水或接种稀释水,分别测定 5 d 前后的溶解氧含量。

5)计算

(1)非稀释法

非稀释法按下式计算样品 BOD_5 的测定结果:

$$\rho = \rho_1 - \rho_2$$

式中 ρ——五日生化需氧量质量浓度,mg/L;

ρ_1——水样在培养前的溶解氧质量浓度,mg/L;

ρ_2——水样在培养后的溶解氧质量浓度,mg/L。

(2)非稀释接种法

非稀释接种法按下式计算样品 BOD_5 的测定结果:

$$\rho = (\rho_1 - \rho_2) - (\rho_3 - \rho_4)$$

式中 ρ——五日生化需氧量质量浓度,mg/L;

ρ_1——接种水样在培养前的溶解氧质量浓度,mg/L;

ρ_2——接种水样在培养后的溶解氧质量浓度,mg/L;

ρ_3——空白样在培养前的溶解氧质量浓度,mg/L;

ρ_4——空白样在培养后的溶解氧质量浓度,mg/L。

(3)稀释与接种法

稀释法与稀释接种法按下式计算样品 BOD_5 的测定结果:

$$\rho = \frac{(\rho_1 - \rho_2) - (\rho_3 - \rho_4)f_1}{f_2}$$

式中 ρ——五日生化需氧量质量浓度,mg/L;

ρ_1——接种稀释水样在培养前的溶解氧质量浓度,mg/L;

ρ_2——接种稀释水样在培养后的溶解氧质量浓度,mg/L;

ρ_3——空白样在培养前的溶解氧质量浓度,mg/L;

ρ_4——空白样在培养后的溶解氧质量浓度,mg/L;

f_1——接种稀释水或稀释水在培养液中所占的比例;

f_2——原样品在培养液中所占的比例。

BOD_5 测定结果以氧的质量浓度报出。对稀释与接种法,如果有几个稀释倍数的结果满足要求,结果取这些稀释倍数结果的平均值。结果小于 100 mg/L,保留一位小数;100 ~ 1 000 mg/L,取整数位;大于 1 000 mg/L 以科学计数法报出。结果报告中应注明:样品是否经过过滤、冷冻或均质化处理。

6)注意事项

①水中有机物的生物氧化过程分为碳化阶段和硝化阶段,测定一般水样的 BOD_5 时,硝化阶段不明显或根本不发生,但对于生物处理的出水,因其中含有大量硝化细菌,因此,在测定 BOD_5 时也包含了部分含氮化合物的需氧量。对于这种水样,如只需测定有机物的需氧量,应加入丙烯基硫脲硝化抑制剂。

②在两个或 3 个稀释比的样品中,凡消耗溶解氧大于 2 mg/L 和剩余溶解氧大于 2 mg/L 都有效,计算结果时应取平均值。

③为检查稀释水和接种液的质量,以及实验室人员的操作技术,可将 20 mL 葡萄糖-谷氨酸标准溶液用接种稀释水稀释至 1 000 mL,测其 BOD_5,其结果应为 180 ~ 230 mg/L。否则,应检查接种液、稀释水或操作过程是否存在问题。

7)思考题

①水中有机物的生物氧化过程可分为几个阶段,是怎样的一个氧化过程?

② BOD_5 在环境评价中有何意义,有何局限性?

③根据实际实验条件和操作情况,分析影响测定准确度的因素。

实验八 地表水中石油类和动植物油类的测定 ——红外分光光度法

此法依据《水质 石油类和动植物油类的测定 红外分光光度法》(HJ 637—2012),采用红外分光光度法测定地表水中石油类和动植物油类的含量。

水中的石油类物质来自工业废水和生活污水的污染。工业废水中石油类(各种烃类的混合物)污染物主要来自于开采、加工及各种炼制油的使用等部门。石油类化合物漂浮在水体表面,影响空气与水体界面的氧交换;分散于水中的油可被微生物氧化分解,消耗水中的溶解氧,使水质恶化。石油类化合物虽较烷烃类少,但其毒性要大很多。

测定水中石油类物质的方法有重量法、红外分光光度法、非色散红外吸收法、紫外分光光度法、荧光法等。重量法不受油的品种限制,是常用的方法,但操作烦琐,灵敏度低;红外分光光度法也不受石油类品种的影响,测定结果能较好的反映水被石油类污染的状况;非色散红外吸收法适用于所含油品比吸光系数较接近的水样,油品相差较大,尤其含有芳烃类化合物时,测定误差较大;其他方法受油品种影响较大。

总油指在该方法规定的条件下,能够被四氯化碳萃取且在波数为 2 930,2 960 和 3 030 cm^{-1} 时,全部或部分谱带处有特征吸收的物质,主要包括石油类和动植物油类。石油类指在本方法规定的条件下,能够被四氯化碳萃取且不被硅酸镁吸附的物质。动植物油类指在本方法规定的条件下,能够被四氯化碳萃取且被硅酸镁吸附的物质。当萃取物中含有非动植物油类的极性物质时,应在测试报告中加以说明。本实验采用红外分光光度法测定水中石油类和动植物油类。

1)实验目的

①初步掌握红外分光光度计的使用;

②掌握石油类物质的萃取方法;

③掌握用红外分光光度法测定地表水中石油类和动植物油类的原理和方法。

2)实验原理

用四氯化碳萃取水中的油类物质,测定总油含量,然后将萃取液用硅酸镁吸附,经脱除动植物油等极性物质后,测定石油类。

总油和石油类的含量均由波数分别为 2 930 cm^{-1}(CH$_2$基团中 C—H 键的伸缩振动)、2 960 cm^{-1}(CH$_3$基团中 C—H 键的伸缩振动)和 3 030 cm^{-1}(芳香环中 C—H 键的伸缩振动)谱带处的吸光度 A$_{2\,930}$,A$_{2\,960}$和 A$_{3\,030}$进行计算。动植物油类的含量按总油与石油类含量之差计算。

3)实验仪器和试剂

(1)仪器

①红外分光光度计:能在 3 400 ~ 2 400 cm^{-1}进行扫描操作,并配 1 cm 和 4 cm 带盖石英比色皿。

②旋转振荡器:振荡频数可达 300 次/min。

③分液漏斗:250,1 000,2 000 mL,聚四氟乙烯旋塞。

④玻璃砂芯漏斗:G-1 型,40 mL。

⑤锥形瓶:100 mL,具塞磨口。

⑥样品瓶:500,1 000 mL,棕色磨口玻璃瓶。

⑦量筒:1 000,2 000 mL。

(2)试剂

除非另有说明,分析时均使用符合国家标准的分析纯化学试剂,试验用水为蒸馏水或同等纯度的水。

①盐酸(HCl):ρ = 1.19 g/mL,优级纯。

②正十六烷:光谱纯。

③异辛烷:光谱纯。

④苯:光谱纯。

⑤四氯化碳:扫描范围为 2 800 ~ 3 100 cm^{-1},不应出现锐峰,其吸光度值应不超过 0.12（4 cm 比色皿、空气池作参比）。

【注】 四氯化碳有毒,操作时要谨慎小心,并在通风橱内进行。

⑥无水硫酸钠:在 550 ℃下加热 4 h,冷却后装入磨口玻璃瓶中,置于干燥器内储存。

⑦硅酸镁:60 ~ 100 目。取硅酸镁于瓷蒸发皿中,置高温炉内 550 ℃加热 4 h,在炉内冷至约 200 ℃后,移入干燥器中冷至室温,于磨口玻璃瓶内保存。使用时,称取适量的干燥硅酸镁于磨口玻璃瓶中,根据干燥硅酸镁的质量,按 6%(m/m)的比例加适量的蒸馏水,密塞并充分

振荡数分钟,放置约 12 h 后使用。

⑧石油类标准贮备液:$\rho = 1\,000$ mg/L,可直接购买市售有证标准溶液。

⑨正十六烷标准贮备液:$\rho = 1\,000$ mg/L。称取 0.100 0 g 正十六烷于 100 mL 容量瓶中,用四氯化碳定容,摇匀。

⑩异辛烷标准贮备液:$\rho = 1\,000$ mg/L。称取 0.100 0 g 异辛烷于 100 mL 容量瓶中,用四氯化碳定容,摇匀。

⑪苯标准贮备液:$\rho = 1\,000$ mg/L。称取 0.100 0 g 苯于 100 mL 容量瓶中,用四氯化碳定容,摇匀。

⑫吸附柱:内径 10 mm,长约 200 mm 的玻璃柱。出口处填塞少量用四氯化碳浸泡并晾干后的玻璃棉,将硅酸镁缓缓倒入玻璃柱中,边倒边轻轻敲打,填充高度约为 80 mm。

4)实验步骤

(1)采样

油类物质要单独采样,不允许在实验室内再分样。采样时,应连同表层水一并采集,并在样品瓶上作一标记,用以确定样品体积。当只测定水中乳化状态和溶解性油类物质时,应避开漂浮在水体表面的油膜层,在水面下 20~50 cm 处取样。当需要报告一段时间内油类物质的平衡浓度时,应在规定的时间间隔分别采样而后分别测定。

用 1 000 mL 样品瓶采集地表水。采集好样品后,加入盐酸酸化至 pH≤2。

(2)样品保存

如样品不能在 24 h 内测定,应在 2~5 ℃下冷藏保存,3 d 内测定。

(3)试样的制备

将样品全部转移至 2 000 mL 分液漏斗中,量取 25.0 mL 四氯化碳洗涤样品瓶后,全部转移至分液漏斗中。振荡 3 min,并经常开启旋塞排气,静置分层后,将下层有机相转移至已加入 3 g 无水硫酸钠的具塞磨口锥形瓶中,摇动数次。如果无水硫酸钠全部结晶成块,需要补加无水硫酸钠,静置。将上层水相全部转移至 2 000 mL 量筒中,测量样品体积并记录。

将萃取液分为两份:一份直接用于测定总油;另一份加入 3 g 硅酸镁,置于旋转振荡器上,以 180~200 r/min 的速度连续振荡 20 min,静置沉淀后,上清液经玻璃砂芯漏斗过滤至具塞磨口锥形瓶中,用于测定石油类。

空白试样的制备,以实验用水代替样品,按照上述试样的制备步骤进行。

(4)测定

①校正系数的测定:分别量取 2.00 mL 正十六烷标准贮备液、2.00 mL 异辛烷标准贮备液和 10.00 mL 苯标准贮备液于 3 个 100 mL 容量瓶中,用四氯化碳定容至标线,摇匀。正十六烷、异辛烷和苯标准溶液的浓度分别为 20,20 和 100 mg/L。

用四氯化碳作参比溶液,使用 4 cm 比色皿,分别测量正十六烷、异辛烷和苯标准溶液在 2 930,2 960,3 030 cm^{-1} 处的吸光度 $A_{2\,930}$,$A_{2\,960}$,$A_{3\,030}$。正十六烷、异辛烷和苯标准溶液在上述波数处的吸光度均符合公式(5.1),由此得出的联立方程式经求解后,可分别得到相应的校正系数 X,Y,Z 和 F。

$$\rho = X \cdot A_{2\,930} + Y \cdot A_{2\,960} + Z\left(A_{3\,030} - \frac{A_{2\,930}}{F}\right) \tag{5.1}$$

式中 ρ——四氯化碳中总油的含量,mg/L;

$A_{2\,930}$,$A_{2\,960}$,$A_{3\,030}$——各对应波数下测得的吸光度;

X,Y,Z——与各种 C—H 键吸光度相对应的系数;

F——脂肪烃对芳香烃影响的校正因子,即正十六烷在 2 930 cm^{-1} 与 3 030 cm^{-1} 处的吸光度之比。

对于正十六烷和异辛烷,由于其芳香烃含量为零,即 $A_{3\,030} - \frac{A_{2\,930}}{F} = 0$,则有:

$$F = \frac{A_{2\,930}(H)}{A_{3\,030}(H)} \tag{5.2}$$

$$\rho(H) = X \cdot A_{2\,930}(H) + Y \cdot A_{2\,960}(H) \tag{5.3}$$

$$\rho(I) = X \cdot A_{2\,930}(I) + Y \cdot A_{2\,960}(I) \tag{5.4}$$

由公式(5.2)可得 F 值,由式(5.3)和式(5.4)可得 X 和 Y 值。

对于苯,则有:

$$\rho(B) = X \cdot A_{2\,930}(B) + Y \cdot A_{2\,960}(B) + Z\left[A_{3\,030}(B) - \frac{A_{2\,930}(B)}{F}\right] \tag{5.5}$$

由式(5.5)可得 Z 值。

式中 $\rho(H)$——正十六烷标准溶液的浓度,mg/L;

$\rho(I)$——异辛烷标准溶液的浓度,mg/L;

$\rho(B)$——苯标准溶液的浓度,mg/L;

$A_{2\,930}(H)$,$A_{2\,960}(H)$,$A_{3\,030}(H)$——各对应波数下测得正十六烷标准溶液的吸光度;

$A_{2\,930}(I)$,$A_{2\,960}(I)$,$A_{3\,030}(I)$——各对应波数下测得异辛烷标准溶液的吸光度;

$A_{2\,930}(B)$,$A_{2\,960}(B)$,$A_{3\,030}(B)$——各对应波数下测得苯标准溶液的吸光度。

可采用姥鲛烷代替异辛烷、甲苯代替苯,以相同方法测定校正系数。

②校正系数的检验:分别量取 5.00 mL 和 10.00 mL 的石油类标准贮备液于 100 mL 容量瓶中,用四氯化碳定容,摇匀,石油类标准溶液的浓度分别为 50 mg/L 和 100 mg/L。分别量取 2.00,5.00 和 20.00 mL 浓度为 100 mg/L 的石油类标准溶液于 100 mL 容量瓶中,用四氯化碳定容,摇匀,石油类标准溶液的浓度分别为 2,5 和 20 mg/L。

用四氯化碳作参比溶液,使用 4 cm 比色皿,于 2 930,2 960,3 030 cm^{-1} 处分别测量 2,5,20,50 和 100 mg/L 石油类标准溶液的吸光度 $A_{2\,930}$,$A_{2\,960}$,$A_{3\,030}$,按照公式(5.1)计算测定浓度。如果测定值与标准值的相对误差在 ±10% 以内,则校正系数可采用,否则重新测定校正系数并检验,直至符合条件为止。

用标准物质配制标准溶液时,使用正十六烷、异辛烷和苯,按 65∶25∶10(V/V)的比例配成混合烃标准物质;使用正十六烷、姥鲛烷和甲苯,按 5∶3∶1(V/V)的比例配成混合烃标准物质。以四氯化碳作为溶剂配置所需浓度的标准溶液。

③样品测定:

a. 总油的测定。

将未经硅酸镁吸附的萃取液移至 4 cm 比色皿中,以四氯化碳作参比溶液,于 2 930, 2 960,3 030 cm^{-1}处测量其吸光度 $A_{1,2\,930}$,$A_{1,2\,960}$,$A_{1,3\,030}$,计算总油的浓度。

b. 石油类浓度的测定。

将经硅酸镁吸附后的萃取液转移至 4 cm 比色皿中,以四氯化碳作参比溶液,于 2 930, 2 960,3 030 cm^{-1}处测量其吸光度 $A_{2,2\,930}$,$A_{2,2\,960}$,$A_{2,3\,030}$,计算石油类的浓度。

c. 动植物油类浓度的测定。

总油浓度与石油类浓度之差即为动植物油类浓度。

当萃取液中油类化合物浓度大于仪器的测定上限时,应在硅酸镁吸附前稀释萃取液。

④空白试验:

以空白试验代替试样,按照与上述样品测定相同步骤进行测定。

5)计算

(1)总油的浓度

样品中总油的浓度 ρ_1(mg/L),按照公式(5.6)进行计算。

$$\rho_1 = \left[X \cdot A_{1,2\,930} + Y \cdot A_{1,2\,960} + Z\left(A_{1,3\,030} - \frac{A_{1,2\,930}}{F}\right)\right] \times \frac{V_0 D}{V_W} \qquad (5.6)$$

式中　ρ_1——样品中总油的浓度,mg/L;

X,Y,Z,F——校正系数;

$A_{1,2\,930}$,$A_{1,2\,960}$,$A_{1,3\,030}$——各对应波数下测得萃取液的吸光度;

V_0——萃取溶剂的体积,mL;

V_W——样品体积,mL;

D——萃取液稀释倍数。

(2)石油类的浓度

样品中石油类的浓度 ρ_2(mg/L),按照公式(5.7)进行计算。

$$\rho_2 = \left[X \cdot A_{2,2\,930} + Y \cdot A_{2,2\,960} + Z\left(A_{2,3\,030} - \frac{A_{2,2\,930}}{F}\right)\right] \times \frac{V_0 D}{V_W} \qquad (5.7)$$

式中　ρ_2——样品中石油类的浓度,mg/L;

$A_{2,2\,930}$,$A_{2,2\,960}$,$A_{2,3\,030}$——各对应波数下测得经硅酸镁吸附后滤出液的吸光度;

其他符号意义同前。

(3)动植物油类的浓度

样品中动植物油类的浓度 ρ_3(mg/L),按照公式(5.8)进行计算。

$$\rho_3 = \rho_1 - \rho_2 \qquad (5.8)$$

式中　ρ_3——样品中动植物油类的浓度,mg/L。

6)注意事项

①四氯化碳有毒,所以在萃取操作时,注意保持通风。样品分析过程中产生的四氯化碳废

液应存放于密闭容器中,妥善处理。

②萃取液经硅酸镁吸附剂处理后,由极性分子构成的动植物油类被吸附,而非极性的石油类不被吸附;某些含有如羰基、羟基的非动植物油类的极性物质同时也被吸附,当样品中明显含有此类物质时,应在测试报告中加以说明。

7)思考题

①石油类和动植物油会对水体造成哪些危害?
②在实验中为什么会进行萃取操作,萃取的作用是什么?
③测量结果可能偏低吗,为什么?

实验九　水中挥发酚的测定
——4-氨基安替比林分光光度法

此法依据《水质 挥发酚的测定 4-氨基安替比林分光光度法》(HJ 503—2009),用4-氨基安替比林分光光度法测定水中挥发酚。该方法适用于地表水、地下水、饮用水、工业废水和生活污水中挥发酚的测定。挥发酚是指随水蒸气蒸馏出的并能和4-氨基安替比林反应生成有色化合物的挥发性酚类化合物,结果以苯酚计。工业废水和生活污水宜用直接分光光度法测定,地表水、地下水和饮用水宜用萃取分光光度法测定。

本实验采用萃取分光光度法测定地表水中挥发酚,检出限为 0.000 3 mg/L,测定下限为 0.001 mg/L,测定上限为 0.04 mg/L。对于质量浓度高于测定上限的样品,可适当稀释后进行测定。氧化剂、油类、硫化物、有机或无机还原性物质和苯胺类干扰酚的测定。

1)实验目的

①掌握4-氨基安替比林分光光度法测定水中挥发酚的原理;
②理解蒸馏的作用,掌握对水样进行蒸馏的方法。

2)实验原理

用蒸馏法使挥发性酚类化合物蒸馏出,并与干扰物质和固定剂分离。由于酚类化合物的挥发速度是随馏出液体积而变化,因此,馏出液体积必须与试样体积相等。被蒸馏出的酚类化合物,于 pH 值 10.0 ±0.2 的介质中,在铁氰化钾存在下,与4-氨基安替比林反应生成橙红色的安替比林染料,用三氯甲烷萃取后,在 460 nm 波长下测定吸光度。

3)实验仪器和试剂

(1)仪器
①分光光度计:具 460 nm 波长,并配有光程为 30 mm 的比色皿;
②500 mL 全玻璃蒸馏器;
③500 mL(锥形)分液漏斗;

④其他一般实验室常用仪器。

（2）试剂

所用试剂除另有说明外，均为分析纯试剂，所用的水除另有说明外，指蒸馏水或去离子水。酚标准溶液的配制、校准系列的制备以及稀释馏出液用的水，均应用无酚水。

①无酚水的制备：

a. 于每升水中加入 0.2 g 经 200 ℃活化 30 min 的活性炭粉末，充分振摇后，放置过夜，用双层中速滤纸过滤。

b. 加氢氧化钠使水呈强碱性，并加入高锰酸钾溶液呈紫红色，移入全玻璃蒸馏器中加热蒸馏，集取馏出液备用。

②硫酸亚铁（$FeSO_4 \cdot 7H_2O$）。

③碘化钾（KI）。

④硫酸铜（$CuSO_4 \cdot 5H_2O$）。

⑤乙醚（$C_4H_{10}O$）。

⑥三氯甲烷（$CHCl_3$）。

⑦精制苯酚：取苯酚（C_6H_5OH）于具有空气冷凝管的蒸馏瓶中，加热蒸馏，收集 182 ~ 184 ℃的馏出部分，馏分冷却后应为无色晶体，贮于棕色瓶中，于冷暗处密闭保存。

⑧氨水：$\rho(NH_3 \cdot H_2O) = 0.90$ g/mL。

⑨盐酸：$\rho(HCl) = 1.19$ g/mL。

⑩磷酸溶液，1 + 9。

⑪硫酸溶液，1 + 4。

⑫氢氧化钠溶液：$\rho(NaOH) = 100$ g/L。称取氢氧化钠 10 g 溶于水，稀释至 100 mL。

⑬缓冲溶液：pH = 10.7。称取 20 g 氯化铵（NH_4Cl）溶于 100 mL 上述氨水中，密塞，置冰箱中保存。为避免氨的挥发所引起 pH 值的改变，应注意在低温下保存，且取用后立即加塞盖严，并根据使用情况适量配制。

⑭4-氨基安替比林溶液：称取 2 g 4-氨基安替比林溶于水中，溶解后移入 100 mL 容量瓶中，用水稀释至标线提纯后使用。收集滤液后置冰箱中冷藏，可保存 7 d。

提纯方法：将 100 mL 配制好的 4-氨基安替比林溶液置于干燥烧杯中，加入 10 g 硅镁型吸附剂（弗罗里硅土，60 ~ 100 目，600 ℃烘制 4 h），用玻璃棒充分搅拌，静置片刻，将溶液在中速定量滤纸上过滤，收集滤液，置于棕色试剂瓶内。

⑮铁氰化钾溶液：$\rho(K_3[Fe(CN)_6]) = 80$ g/L。称取 8 g 铁氰化钾溶于水，溶解后移入 100 mL 容量瓶中，用水稀释至标线。置冰箱内冷藏，可保存一周。

⑯溴酸钾-溴化钾溶液：$c(1/6\ KBrO_3) = 0.1$ mol/L。称取 2.784 g 溴酸钾溶于水，加入 10 g溴化钾，溶解后移入 1 000 mL 容量瓶中，用水稀释至标线。

⑰硫代硫酸钠溶液：$c(Na_2S_2O_3) \approx 0.012\ 5$ mol/L。称取 3.1 g 硫代硫酸钠，溶于煮沸放冷的水中，加入 0.2 g 碳酸钠，溶解后移入 1 000 mL 容量瓶中，用水稀释至标线。临用前标定。

⑱淀粉溶液：$\rho = 0.01$ g/mL。称取 1 g 可溶性淀粉，用少量水调成糊状，加沸水至100 mL，冷却后，移入试剂瓶中，置冰箱内冷藏保存。

⑲酚标准贮备液：$\rho(C_6H_5OH) \approx 1.00$ g/L。称取 1.00 g 上述精制苯酚，溶解于水，移入

1 000 mL容量瓶中,用水稀释至标线,标定。置冰箱内冷藏,可稳定保存一个月。

标定方法:吸取 10.0 mL 酚贮备液于 250 mL 碘量瓶中,加水稀释至 100 mL,加 10.0 mL 0.1 mol/L溴酸钾-溴化钾溶液,立即加入 5 mL 浓盐酸,密塞,徐徐摇匀,于暗处放置 15 min,加入 1 g 碘化钾,密塞,摇匀,放置暗处 5 min,用硫代硫酸钠溶液滴定至淡黄色,加入 1 mL淀粉溶液,继续滴定至蓝色刚好褪去,记录用量。

同时以水代替酚贮备液作空白试验,记录硫代硫酸钠溶液用量。

酚贮备液质量浓度按下式计算:

$$\rho = \frac{(V_1 - V_2) \times c \times 15.68}{V}$$

式中　ρ——酚贮备液质量浓度,mg/L;

　　　V_1——空白试验中硫代硫酸钠溶液的用量,mL;

　　　V_2——滴定酚贮备液时硫代硫酸钠溶液的用量,mL;

　　　c——硫代硫酸钠溶液浓度,mol/L;

　　　V——试样体积,mL;

　　　15.68——苯酚(1/6 C_6H_5OH)摩尔质量,g/mol。

⑳酚标准中间液:$\rho(C_6H_5OH) = 10.0$ mg/L。取适量酚标准贮备液用水稀释至 100 mL 容量瓶中,使用时当天配制。

㉑酚标准使用液:$\rho(C_6H_5OH) = 1.00$ mg/L。量取 10.00 mL 酚标准中间液于 100 mL 容量瓶中,用水稀释至标线,配制后 2 h 内使用。

㉒甲基橙指示液:$\rho(甲基橙) = 0.5$ g/L。称取 0.1 g 甲基橙溶于水,溶解后移入 200 mL 容量瓶中,用水稀释至标线。

㉓淀粉-碘化钾试纸:称取 1.5 g 可溶性淀粉,用少量水搅成糊状,加入 200 mL 沸水,混匀,放冷,加 0.5 g 碘化钾和 0.5 g 碳酸钠,用水稀释至 250 mL,将滤纸条浸渍后,取出晾干,盛于棕色瓶中,密塞保存。

㉔乙酸铅试纸:称取乙酸铅 5 g,溶于水中,并稀释至 100 mL。将滤纸条浸入上述溶液中,1 h 后取出晾干,盛于广口瓶中,密塞保存。

㉕pH 试纸:1~14。

4)实验步骤

(1)样品采集

在样品采集现场,用淀粉-碘化钾试纸检测样品中有无游离氯等氧化剂的存在。若试纸变蓝,应及时加入过量硫酸亚铁去除。样品采集量应大于 500 mL,贮于硬质玻璃瓶中。

采集后的样品应及时加磷酸酸化至 pH 约为 4.0,并加适量硫酸铜,使样品中硫酸铜质量浓度约为 1 g/L,以抑制微生物对酚类的生物氧化作用。采集后的样品应在 4 ℃下冷藏,24 h 内进行测定。

(2)干扰的排除

①氧化剂(如游离氯)的消除:样品滴于淀粉-碘化钾试纸上出现蓝色,说明存在氧化剂,可加入过量的硫酸亚铁去除。

②硫化物的消除:当样品中有黑色沉淀时,可取一滴样品放在乙酸铅试纸上,若试纸变黑色,说明有硫化物存在。此时样品继续加磷酸酸化,置通风橱内进行搅拌曝气,直至生成的硫化氢完全逸出。

③甲醛、亚硫酸盐等有机或无机还原性物质的消除:可分取适量样品于分液漏斗中,加硫酸溶液使其呈酸性,分次加入 50,30,30 mL 乙醚以萃取酚,合并乙醚层于另一分液漏斗,分次加入 4,3,3 mL 氢氧化钠溶液进行反萃取,使酚类转入氢氧化钠溶液中。合并碱萃取液,移入烧杯中,置水浴上加温,以除去残留乙醚,然后用水将碱萃取液稀释至原分取样品的体积。同时应以水作空白试验。

④油类的消除:样品静置分离出浮油后,按照上述③操作步骤进行。

⑤苯胺类的消除:苯胺类可与4-氨基安替比林发生显色反应而干扰酚的测定,一般在酸性(pH < 0.5)条件下,可通过预蒸馏分离。

(3)预蒸馏

取 250 mL 样品移入 500 mL 全玻璃蒸馏器中,加 25 mL 水,加数粒玻璃珠以防暴沸,再加数滴甲基橙指示液,若试样未显橙红色,则需继续补加磷酸溶液。连接冷凝器,加热蒸馏,收集馏出液 250 mL 至容量瓶中。蒸馏过程中,若发现甲基橙红色褪去,应在蒸馏结束后,放冷,再加 1 滴甲基橙指示液。若发现蒸馏后残液不呈酸性,则应重新取样,增加磷酸溶液加入量,进行蒸馏。

【注】 ①使用的蒸馏设备不宜与测定工业废水或生活污水的蒸馏设备混用。每次试验前后,应清洗整个蒸馏设备。

②不得用橡胶塞、橡胶管连接蒸馏瓶及冷凝器,以防止对测定产生干扰。

(4)显色

将馏出液 250 mL 移入分液漏斗中,加 2.0 mL 缓冲溶液,混匀,pH 值为 10.0 ± 0.2,加 1.5 mL 4-氨基安替比林溶液,混匀,再加 1.5 mL 铁氰化钾溶液,充分混匀后,密塞,放置 10 min。

(5)萃取

在上述显色分液漏斗中准确加入 10.0 mL 三氯甲烷,密塞,剧烈振摇 2 min,倒置放气,静置分层。用干脱脂棉或滤纸拭干分液漏斗颈管内壁,于颈管内塞一小团干脱脂棉或滤纸,将三氯甲烷层通过干脱脂棉团或滤纸,弃去最初滤出的数滴萃取液后,将余下三氯甲烷直接放入光程 30 mm 的比色皿中。

(6)吸光度测定

于 460 nm 波长,以三氯甲烷为参比,测定三氯甲烷层的吸光度值。

(7)空白试验

用水代替试样,按照上述 3 ~6 步骤测定其吸光度值。空白应与试样同时测定。

(8)校准

①校准系列的制备:于一组 8 个分液漏斗中,分别加入 100 mL 水,依次加入 0.00,0.25,0.50,1.00,3.00,5.00,7.00 和 10.00 酚标准使用液(1.00 mg/L),再分别加水至 250 mL。按照上述 4 ~6 步骤进行测定。

②校准曲线的绘制:由校准系列测得的吸光度值减去零管的吸光度值,绘制吸光度对酚含量的曲线,校准曲线回归方程相关系数应达到 0.999 以上。

5)计算

试样中挥发酚的质量浓度(以苯酚计),按下式计算:

$$\rho = \frac{A_s - A_b - a}{bV}$$

式中 ρ——试样中挥发酚的质量浓度,mg/L;

A_s——试样的吸光度值;

A_b——空白试验的吸光度值;

a——校准曲线的截距值;

b——校准曲线的斜率;

V——试样的体积,mL。

当计算结果小于 0.1 mg/L 时,保留到小数点后 4 位;大于等于 0.1 mg/L 时,保留 3 位有效数字。

6)注意事项

①无酚水应贮于玻璃瓶中,取用时,应避免与橡胶制品(橡皮塞或乳胶管等)接触。

②应避免氨的挥发所引起的 pH 值的改变,注意在低温下保存和取用后立即加塞盖严,并根据使用情况适量配制。

③固体试剂易潮解、氧化,宜保存在干燥器中。

④乙醚为低沸点、易燃和具有麻醉作用的有机溶剂,使用时要小心,周围应无明火,并在通风柜内操作。室温较高时,样品和乙醚宜先置水浴中降温后,再进行萃取操作,每次萃取应尽快地完成。

7)思考题

①挥发酚有哪些危害?

②对水样进行蒸馏的作用是什么?

实验十 环境空气中可吸入颗粒物(PM$_{10}$)的测定 ——重量法

此法依据《环境空气中 PM$_{10}$ 和 PM$_{2.5}$ 的测定 重量法》(HJ 618—2011),《环境空气质量手工监测技术规范》(HJ/T 194—2005)以及《环境空气颗粒物(PM$_{10}$ 和 PM$_{2.5}$)采样技术要求及检测方法》(HJ/T 93—2013),采用重量法对环境空气中的可吸入颗粒物(PM$_{10}$)进行测定。

可吸入颗粒物是我国环境空气中的主要污染物,一般将空气动力学直径小于 10 μm 的颗粒物称为可吸入颗粒物(PM$_{10}$)。可吸入颗粒物呈悬浮状态(微小液滴或粒子)分散在空气中,具有气溶胶性质,它易随呼吸进入人体肺部,进而在呼吸道或肺泡内积累,并可进入血液循环,对人体健康危害极大。

1)实验目的

①掌握大流量-重量法测定空气中可吸入颗粒物(PM_{10})的原理及方法；

②了解空气中可吸入颗粒物的来源和危害。

2)实验原理

通过具有一定切割特性的采样器,以恒速抽取定量体积空气,使环境空气中PM_{10}被截留在已知质量的滤膜上,根据采样前后滤膜的质量差和采样体积,计算出PM_{10}的浓度。

3)实验仪器和试剂

①PM_{10}切割器、采样系统:切割粒径$D_{a50}=(10\pm0.5)\mu m$;捕集效率的几何标准差为$\sigma_g=(1.5\pm0.1)\mu m$。

②采样器孔口流量计(大流量计:量程$(0.8\sim1.4)m^3/min$;误差$\leq2\%$)。

③滤膜:根据样品采集目的可选用玻璃纤维膜、石英滤膜等无机滤膜或聚氯乙烯、聚丙烯、混合纤维素等有机滤膜。

④滤膜保存盒:用于保存滤膜,保证滤膜在采样前处于平展、不受折状态。

⑤滤膜袋:用于存放采样后对折的滤膜。袋面印有编号、采样日期、采样地点、天气、采样人等栏目。

⑥镊子:用于夹取滤膜。

⑦恒温恒湿箱(室):箱(室)内空气温度为$15\sim30$℃可调,控温精度±1℃,箱(室)内空气相对湿度应控制在$(50\pm5)\%$。恒温恒湿箱(室)可连续工作。

⑧分析天平:感量0.1 mg。

⑨干燥器:内盛变色硅胶。

⑩气压计。

⑪温度计。

4)实验步骤

(1)PM_{10}大流量采样器流量校准(用大流量孔口流量计校准)

①校准PM_{10}大流量采样器流量时,摘掉采样头中的切割器。

②从气压计、温度计分别读取环境大气压和环境温度。

③将PM_{10}大流量采样器采样流量换算成标准状况下的流量。计算公式如下:

$$Q_n = Q \times \frac{P_1 \times T_n}{P_n \times T_1}$$

式中 Q_n——标准状况下的采样流量,m^3/min;

Q——采样器采样流量,m^3/min;

P_1——流量校准时环境大气压,kPa;

P_n——标准状况下的大气压,101.325 kPa;

T_1——流量校准时环境温度，K；

T_n——标准状况的热力学温度，273 K。

④将计算的标准状况下的流量 Q_n 带入下式，求出修正项 y。

$$y = b \times Q_n + a$$

式中　斜率 b 和截距 a 由大流量孔口流量计的标定部门给出。

⑤计算大流量孔口流量计压差值 $\Delta H(\mathrm{Pa})$。

$$\Delta H = \frac{y^2 \times P_n \times T_1}{P_1 \times T_n}$$

⑥打开采样头顶盖，按正常采样位置，放一张干净的滤膜，将大流量孔口流量计的孔口与采样头紧密连接。孔口的取压口接好 U 形管压差计（或智能流量校准器）。

⑦接通电源，开启采样器，待工作正常后，调节采样器流量，使大流量孔口流量计压差达到计算的 ΔH。

校准流量时，要确保气路密封连接，流量校准后，如发现滤膜上尘的边缘轮廓不清晰或滤膜安装歪斜等情况，可能造成漏气，应重新进行校准。校准合格的采样器即可用于采样，不能再改动调节器状态。

（2）空白滤膜的准备

①将滤膜放在恒温恒湿箱（室）中平衡 24 h。平衡条件：温度取 15～30 ℃中的任意一点，相对湿度控制在 $(50 \pm 5)\%$。记录平衡温度与相对湿度。

②在上述平衡条件下，用感量为 0.1 的分析天平称量滤膜，记录滤膜质量。

③称量好的滤膜平展地放在滤膜保存盒中，采样前不得将滤膜弯曲或折叠。

（3）采样（按说明书要求操作 PM_{10} 大流量采样器）

①打开采样头顶盖，取出滤膜夹。用清洁干布擦去采样头内及滤膜夹的灰尘。

②将已编号并称量过的滤膜毛面向上，放在滤膜网托上，然后放滤膜夹，对正、拧紧，使其不漏气。盖好采样头顶盖，按照采样器使用说明操作，设置好采样时间，即可启动采样。

③当采样器不能直接显示标准状况下的累积采样时间时，需记录采样期间测试现场平均环境温度和平均大气压。

④采样结束后，打开采样头，用镊子轻轻取下滤膜，采样面向里，将滤膜对折，放入号码相同的滤膜袋中。取滤膜时，如发现滤膜损坏，或滤膜上尘的边缘轮廓不清晰、滤膜安装歪斜等，表示采样时漏气，则本次采样作废，需重新采样。

（4）滤膜的平衡及称量

①采样后的滤膜放在恒温恒湿箱（室）中，用同空白滤膜平衡条件相同的温度、相对湿度，平衡 24 h。

②在上述平衡条件下称量滤膜，滤膜称量精确到 0.1 mg。记录滤膜质量。

5）计算

PM_{10} 浓度按下式计算：

$$\rho = \frac{W_1 - W_2}{V} \times 1\,000$$

式中　ρ——PM$_{10}$浓度,mg/m^3;

　　W_1——空白滤膜的质量,g;

　　W_2——采样后滤膜的质量,g;

　　V——已换算成标准状态(101.325 kPa,273 K)下的采样体积,m^3。

计算结果保留3位有效数字,小数点后数字可保留到第3位。

6)注意事项

①根据 PM$_{10}$大流量采样器的切割特性,其采集的颗粒是空气动力学当量质量中位径为 10 μm 的颗粒物。

②采样时,采样器入口距地面不得低于1.5 m,采样不宜在风速大于8 m/s 的天气条件下进行。采样点应避开污染源及障碍物。如果测定交通枢纽处的 PM$_{10}$,采样点应布置在距人行道边缘外侧1 m 处。

③称量后,同一滤膜在恒温恒湿箱(室)中相同条件下再平衡1 h 后称重。对于 PM$_{10}$颗粒物样品滤膜,两次质量之差小于0.4 mg 为满足恒重要求。

④注意检查采样头是否漏气。当滤膜安放正确,采样后滤膜上颗粒物与四周白边之间出现界限模糊时,则表明应更换滤膜密封垫。

7)思考题

①环境空气中可吸入颗粒物的来源有哪些,对人体的危害有哪些?

②可吸入颗粒物的浓度大小与能见度的好坏有何关系?

实验十一　环境空气中二氧化硫(SO$_2$)的测定
——甲醛吸收-副玫瑰苯胺分光光度法

此法依据《环境空气 二氧化硫的测定 甲醛吸收-副玫瑰苯胺分光光度法》(HJ 482—2009),采用甲醛吸收-副玫瑰苯胺分光光度法对环境空气中的二氧化硫进行测定。

用四氯汞盐吸收-副玫瑰苯胺分光光度法测定大气中二氧化硫是国内外广泛采用的较为成熟的方法。该方法灵敏、选择性好、重现性高,可用于短时间采样(如20~30 min)或长时间采样(如24 h),但吸收液(四氯汞钾)毒性大。钍试剂比色法所用吸收液(过氧化氢)无毒,但该方法灵敏度差,采样体积大,适合于测定二氧化硫日平均浓度。本实验采用甲醛吸收-副玫瑰苯胺分光光度法测定环境空气中的二氧化硫。

1)实验目的

①掌握利用溶液吸收富集采样法采集大气中分子态污染物的方法;

②学会使用空气采样机;

③掌握甲醛吸收-副玫瑰苯胺分光光度法测定大气中 SO$_2$ 的原理和操作技术。

2) **实验原理**

二氧化硫被甲醛缓冲溶液吸收后,生成稳定的羟甲基磺酸加成化合物,在样品溶液中加入氢氧化钠使加成化合物分解,释放出的二氧化硫与副玫瑰苯胺、甲醛作用,生成紫红色化合物,用分光光度计在波长 577 nm 处测量吸光度。

测定主要干扰物为氮氧化物、臭氧及某些重金属元素。采样后放置一段时间可使臭氧自行分解;加入氨磺酸钠溶液可消除氮氧化物的干扰;吸收液中加入磷酸及环己二胺四乙酸二钠盐可以消除或减少某些金属离子的干扰。10 mL 样品溶液中含有 50 μg 钙、镁、铁、镍、镉、铜等金属离子及 5 μg 二价锰离子时,对本方法测定不产生干扰。当 10 mL 样品溶液中含有 10 μg 二价锰离子时,可使样品的吸光度降低 27%。

本方法当使用 10 mL 吸收液,采样体积为 30 L 时,测定空气中二氧化硫的检出限为 0.007 mg/m³,测定下限为 0.028 mg/m³,测定上限为 0.667 mg/m³。当使用 50 mL 吸收液,采样体积为 288 L,试份为 10 mL 时,测定空气中二氧化硫的检出限为 0.004 mg/m³,测定下限为 0.014 mg/m³,测定上限为 0.347 mg/m³。

3) **实验仪器和试剂**

(1) **仪器**

①分光光度计。

②多孔玻板吸收管:10 mL 多孔玻板吸收管,用于短时间采样;50 mL 多孔玻板吸收管,用于 24 h 连续采样。

③恒温水浴:0~40 ℃,控制精度为 ±1 ℃。

④具塞比色管:10 mL。用过的比色管和比色皿应及时用盐酸-乙醇清洗液浸洗,否则红色难以洗净。

⑤空气采样器:用于短时间采样的普通空气采样器,流量范围为 0.1~1 L/min,应具有保温装置。用于 24 h 连续采样的采样器应具备有恒温、恒流、计时、自动控制开关的功能,流量范围为 0.1~0.5 L/min。

⑥一般实验室常用仪器。

(2) **试剂**

实验用水为新制备的蒸馏水或同等纯度的水。

①碘酸钾(KIO_3),优级纯,经 110 ℃ 干燥 2 h。

②氢氧化钠溶液,$c(NaOH) = 1.5$ mol/L:称取 6.0 g NaOH,溶于 100 mL 水中。

③环己二胺四乙酸二钠溶液,$c(CDTA\text{-}2Na) = 0.05$ mol/L:称取 1.82 g 反式 1,2-环己二胺四乙酸[(trans-1,2-cyclohexylenedinitrilo)Tetraacetic Acid,CDTA],加入氢氧化钠溶液 6.5 mL,用水稀释至 100 mL。

④甲醛缓冲吸收贮备液:吸取 36%~38% 的甲醛溶液 5.5 mL,CDTA-2Na 溶液 20.00 mL;称取 2.04 g 邻苯二甲酸氢钾,溶于少量水中;将 3 种溶液合并,再用水稀释至 100 mL,贮于冰箱可保存 1 年。

⑤甲醛缓冲吸收液:用水将甲醛缓冲吸收贮备液稀释 100 倍。临用时现配。

⑥氨磺酸钠溶液，$\rho(NaH_2NSO_3)=6.0$ g/L：称取 0.60 g 氨磺酸(H_2NSO_3H)置于 100 mL 烧杯中，加入 4.0 mL 氢氧化钠，用水搅拌至完全溶解后稀释至 100 mL，摇匀。此溶液密封可保存 10 d。

⑦碘贮备液，$c(1/2I_2)=0.10$ mol/L：称取 12.7 g 碘(I_2)于烧杯中，加入 40 g 碘化钾和 25 mL水，搅拌至完全溶解，用水稀释至 1 000 mL，贮于棕色细口瓶中。

⑧碘溶液，$c(1/2I_2)=0.010$ mol/L：量取碘贮备液 50 mL，用水稀释至 500 mL，贮于棕色细口瓶中。

⑨淀粉溶液，$\rho(淀粉)=5.0$ g/L：称取 0.5 g 可溶性淀粉于 150 mL 烧杯中，用少量水调成糊状，慢慢倒入 100 mL 沸水，继续煮沸至溶液澄清，冷却后贮于试剂瓶中。

⑩碘酸钾基准溶液，$c(1/6\ KIO_3)=0.100\ 0$ mol/L：准确称取 3.566 7 g 碘酸钾溶于水，移入 1 000 mL 容量瓶中，用水稀至标线，摇匀。

⑪盐酸溶液，$c(HCl)=1.2$ mol/L：量取 100 mL 浓盐酸，加入 900 mL 水中。

⑫硫代硫酸钠标准贮备液，$c(Na_2S_2O_3)=0.10$ mol/L：称取 25.0 g 硫代硫酸钠($Na_2S_2O_3\cdot5H_2O$)，溶于 1 000 mL 新煮沸但已冷却的水中，加入 0.2 g 无水碳酸钠，贮于棕色细口瓶中，放置一周后备用。如溶液呈现混浊，必须过滤。

标定方法：吸取 3 份 20.00 mL 碘酸钾基准溶液分别置于 250 mL 碘量瓶中，加 70 mL 新煮沸但已冷却的水，加 1 g 碘化钾，振摇至完全溶解后，加 10 mL 盐酸溶液，立即盖好瓶塞，摇匀。于暗处放置 5 min 后，用硫代硫酸钠标准溶液滴定溶液至浅黄色，加 2 mL 淀粉溶液，继续滴定至蓝色刚好褪去为终点。硫代硫酸钠标准溶液的浓度按下式计算：

$$c_1=\frac{0.100\ 0\times20.00}{V}$$

式中　c_1——硫代硫酸钠标准溶液的浓度，mol/L；

V——滴定所耗硫代硫酸钠标准溶液的体积，mL。

⑬硫代硫酸钠标准溶液，$c(Na_2S_2O_3)\approx0.010\ 00$ mol/L：取 50.0 mL 硫代硫酸钠贮备液置于 500 mL 容量瓶中，用新煮沸但已冷却的水稀释至标线，摇匀。

⑭乙二胺四乙酸二钠盐(EDTA-2Na)溶液，$\rho(EDTA-2Na)=0.50$ g/L：称取 0.25 g 乙二胺四乙酸二钠盐($C_{10}H_{14}N_2O_8Na_2\cdot2H_2O$)溶于 500 mL 新煮沸但已冷却的水中。临用时现配。

⑮亚硫酸钠溶液，$\rho(Na_2SO_3)=1$ g/L：称取 0.2 g 亚硫酸钠(Na_2SO_3)，溶于 200 mL EDTA-2Na 溶液中，缓缓摇匀以防充氧，使其溶解。放置 2~3 h 后标定。此溶液每毫升相当于 320~400 μg 二氧化硫。

标定方法：

a. 取 6 个 250 mL 碘量瓶(A_1，A_2，A_3，B_1，B_2，B_3)，在 A_1，A_2，A_3 内各加入 25 mL 乙二胺四乙酸二钠盐溶液，在 B_1、B_2、B_3 内加入 25.00 mL 亚硫酸钠溶液，分别加入 50.0 mL 碘溶液和 1.00 mL 冰乙酸，盖好瓶盖，摇匀。

b. 立即吸取 2.00 mL 亚硫酸钠溶液加入一个已装有 40~50 mL 甲醛吸收液的 100 mL 容量瓶中，并用甲醛吸收液稀释至标线、摇匀。此溶液即为二氧化硫标准贮备溶液，在 4~5 ℃ 下冷藏，可稳定 6 个月。

c. 将 A_1，A_2，A_3，B_1，B_2，B_3 6 只瓶子于暗处放置 5 min 后，用硫代硫酸钠溶液滴定至浅黄色，加 5 mL 淀粉指示剂，继续滴定至蓝色刚刚消失。平行滴定所用硫代硫酸钠溶液的体积之差应不大于 0.05 mL。

二氧化硫标准贮备溶液的质量浓度由下式计算：

$$\rho(SO_2) = \frac{(\overline{V_0} - \overline{V}) \times c_2 \times 32.02 \times 10^3}{25.00} \times \frac{2.00}{100}$$

式中　$\rho(SO_2)$——二氧化硫标准贮备溶液的质量浓度，$\mu g/mL$；

$\overline{V_0}$——空白滴定所用硫代硫酸钠溶液的体积，mL；

$\overline{V}$——样品滴定所用硫代硫酸钠溶液的体积，mL；

c_2——硫代硫酸钠溶液的浓度，mol/L。

⑯二氧化硫标准溶液，$\rho(SO_2)$ = 1.00 $\mu g/mL$：用甲醛吸收液将二氧化硫标准贮备溶液稀释成每毫升含 1.0 μg 二氧化硫的标准溶液。此溶液用于绘制标准曲线，在 4~5 ℃下冷藏，可稳定 1 个月。

⑰盐酸副玫瑰苯胺(pararosaniline，PRA，即副品红或对品红)贮备液：$\rho(PRA)$ = 2.0 g/L。

⑱盐酸副玫瑰苯胺溶液，$\rho(PRA)$ = 0.50 g/L：吸取 25.00 mL 副玫瑰苯胺贮备液于100 mL 容量瓶中，加 30 mL 85% 的浓磷酸，12 mL 浓盐酸，用水稀释至标线，摇匀，放置过夜后使用。避光密封保存。

⑲盐酸-乙醇清洗液：由 3 份(1 + 4)盐酸和 1 份 95% 乙醇混合配制而成，用于清洗比色管和比色皿。

4) 实验步骤

(1)样品采集与保存

①短时间采样：采用内装 10 mL 吸收液的多孔玻板吸收管，以 0.5 L/min 的流量采气 45~60 min。吸收液温度保持在 23~29 ℃的范围。

②24 h 连续采样：用内装 50 mL 吸收液的多孔玻板吸收管，以 0.2 L/min 的流量连续采样 24 h。吸收液温度保持在 23~29 ℃的范围。

③现场空白：将装有吸收液的采样管带到采样现场，除了不采气之外，其他环境条件与样品相同。

【注】　①样品采集、运输和储存过程中应避免阳光照射。

②放置在室(亭)内的 24 h 连续采样器，进气口应连接符合要求的空气质量集中采样管路系统，以减少二氧化硫进入吸收瓶前的损失。

(2)标准曲线的绘制

取 16 支 10 mL 具塞比色管，分 A，B 两组，每组 7 支，分别对应编号。A 组按表 5.4 配制校准系列。

在 A 组各管中分别加入 0.5 mL 氨磺酸钠溶液和 0.5 mL 氢氧化钠溶液，混匀。在 B 组各管中分别加入 1.00 mL PRA 溶液。

表5.4 二氧化硫校准系列

管　号	0	1	2	3	4	5	6
SO_2标准溶液 （1.00 μg/mL）/mL	0	0.50	1.00	2.00	5.00	8.00	10.00
甲醛缓冲吸收液/mL	10.00	9.50	9.00	8.00	5.00	2.00	0
二氧化硫含量/μg	0	0.50	1.00	2.00	5.00	8.00	10.00

将 A 组各管的溶液迅速地全部倒入对应编号并盛有 PRA 溶液的 B 管中,立即加塞混匀后放入恒温水浴装置中显色。在波长 577 nm 处,用 10 mm 比色皿,以水为参比测量吸光度。以空白校正后各管的吸光度为纵坐标,以二氧化硫的含量(μg)为横坐标,用最小二乘法建立校准曲线的回归方程。

显色温度与室温之差不应超过 3 ℃。根据季节和环境条件按表5.5 选择合适的显色温度与显色时间。

表5.5 显色温度与显色时间

显色温度/℃	10	15	20	25	30
显色时间/min	40	25	20	15	5
稳定时间/min	35	25	20	15	10
试剂空白吸光度 A_0	0.030	0.035	0.040	0.050	0.060

(3)样品的测定

①样品溶液中如有混浊物,则应离心分离除去。

②样品放置 20 min,以使臭氧分解。

③短时间采集的样品:将吸收管中的样品溶液移入 10 mL 比色管中,用少量甲醛吸收液洗涤吸收管,洗液并入比色管中并稀释至标线。加入 0.5 mL 氨磺酸钠溶液,混匀,放置 10 min 以除去氮氧化物的干扰。以下步骤同校准曲线的绘制。

④连续 24 h 采集的样品:将吸收瓶中样品移入 50 mL 容量瓶(或比色管)中,用少量甲醛吸收液洗涤吸收瓶后再倒入容量瓶(或比色管)中,并用吸收液稀释至标线。吸取适当体积的试样(视浓度高低而决定取 2～10 mL)于 10 mL 比色管中,再用吸收液稀释至标线,加入 0.5 mL 氨磺酸钠溶液,混匀,放置 10 min 以除去氮氧化物的干扰,以下步骤同校准曲线的绘制。

5)计算

空气中二氧化硫的质量浓度,按下式计算:

$$\rho(SO_2) = \frac{(A - A_0 - a)}{b \times V_s} \times \frac{V_t}{V_a}$$

式中　$\rho(SO_2)$——空气中二氧化硫的质量浓度,mg/m^3;

　　A——样品溶液的吸光度;

　　A_0——试剂空白溶液的吸光度;

　　b——校准曲线的斜率,吸光度/μg;

　　a——校准曲线的截距(一般要求小于0.005);

　　V_t——样品溶液的总体积,mL;

　　V_a——测定时所取试样的体积,mL;

　　V_s——换算成标准状态下(101.325 kPa,273 K)的采样体积 L。

计算结果准确到小数点后3位。

6)注意事项

①温度对显色有影响,温度越高,空白值越大;温度高时显色快,褪色也快,所以最好在恒温水浴中控制显色温度。

②因六价铬能使紫红色络合物褪色,产生负干扰,故应避免用硫酸-铬酸洗液洗涤玻璃器皿。若已用硫酸—铬酸洗液洗涤过,则需用(1+1)盐酸溶液浸洗,再用水充分洗涤,除去六价铬。

③用过的比色管及比色皿应及时用酸洗涤,否则红色难以洗净。比色管用(1+4)盐酸洗涤,比色皿用(1+4)盐酸加1/3体积乙醇混合液洗。

④测定样品时的温度与绘制标准曲线时的温度之差不应超过2 ℃。

⑤在给定条件下校准曲线斜率应为0.042±0.004,测定样品时的试剂空白吸光度A_0和绘制标准曲线时的A_0波动范围不超过±15%。

7)思考题

①如何对二氧化硫测定系统进行质量控制?

②当样品吸光度为1.0~2.0时应如何处理?为什么不能重新采样测定?

实验十二　环境空气中氮氧化物(一氧化氮和二氧化氮)的测定——盐酸萘乙二胺分光光度法

此法依据《环境空气 氮氧化物(一氧化氮和二氧化氮)的测定 盐酸萘乙二胺分光光度法》(HJ 479—2009),采用盐酸萘乙二胺分光光度法测定空气中的氮氧化物。

氮氧化物包括多种化合物,如一氧化二氮(N_2O)、一氧化氮(NO)、二氧化氮(NO_2)、三氧化二氮(N_2O_3)、四氧化二氮(N_2O_4)和五氧化二氮(N_2O_5)等。除二氧化氮以外,其他氮氧化物均极不稳定,遇光、湿或热变成二氧化氮及一氧化氮,一氧化氮又变为二氧化氮。大气中的氮氧化物主要存在形态是一氧化氮和二氧化氮,它们主要来源于化石燃料高温燃烧和硝酸、化肥等生产排放的废气。一氧化氮为无色、无臭、微溶于水的气体,在空气中易被氧化成二氧化氮。二氧化氮为棕红色具有强刺激性臭味的气体,毒性比一氧化氮高4倍。氮氧化物作为一次污染物,它可刺激人的眼、鼻、喉和肺部,容易造成呼吸系统疾病,如导致支气管炎和肺炎的流行性感冒,诱发肺细胞癌变。

1)实验目的

①掌握利用大气采样器采集氮氧化物的方法,学会大气采样器的使用和操作。
②掌握盐酸萘乙二胺分光光度法测定氮氧化物(一氧化氮和二氧化氮)的原理和技术。
③熟练掌握分光光度计的使用方法。

2)实验原理

空气中的二氧化氮被串联的第一支吸收瓶中的吸收液吸收并反应生成粉红色偶氮染料。空气中的一氧化氮不与吸收液反应,通过氧化管时被酸性高锰酸钾溶液氧化成二氧化氮,被串联的第二支吸收瓶中的吸收液吸收并反应生成粉红色偶氮染料。生成的偶氮染料在波长540 nm处的吸光度与二氧化氮的含量成正比。分别测定第一支和第二支吸收瓶中样品的吸光度,计算两支吸收瓶内二氧化氮和一氧化氮的质量浓度,二者之和即为氮氧化物的质量浓度(以二氧化氮计)。

3)实验仪器和试剂

(1)实验仪器
①分光光度计。
②空气采样器:流量范围0.1～1.0 L/min。采样流量为0.4 L/min时,相对误差小于±5%。
③恒温、半自动连续空气采样器:采样流量为0.2 L/min时,相对误差小于±5%,能将吸收液温度保持在20 ℃±4%。采样管:硼硅玻璃管、不锈钢管、聚四氟乙烯管或硅胶管,内径约为6 mm,尽可能短些,任何情况下不得超过2 m,配有朝下的空气入口。

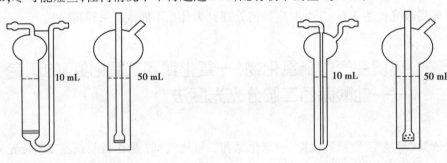

图5.1　多孔玻板吸收瓶示意图　　　　　　图5.2　氧化瓶示意图

④吸收瓶:可装10,25或50 mL吸收液的多孔玻板吸收瓶,液柱高度不低于80 mm,较为适用的两种多孔玻板吸收瓶如图5.1所示。使用棕色吸收瓶或采样过程中吸收瓶外罩黑色避光罩。新的多孔玻板吸收瓶或使用后的多孔玻板吸收瓶应用(1+1)HCl浸泡24 h以上,用清水洗净。
⑤氧化瓶:可装5,10或50 mL酸性高锰酸钾溶液的洗气瓶,液柱高度不低于80 mm。使用后,用盐酸羟胺溶液浸泡洗涤。图5.2示出了较为适用的两种氧化瓶。

（2）试剂

除非另有说明,分析时均使用符合国家标准或专业标准的分析纯试剂和无亚硫酸根的蒸馏水、去离子水或相当纯度的水。

①冰乙酸。

②盐酸羟胺溶液,$\rho = (0.2 \sim 0.5)\,g/L$。

③硫酸溶液,$c(1/2\ H_2SO_4) = 1\ mol/L$:取 15 mL 浓硫酸($\rho_{20} = 1.84\ g/mL$),徐徐加入 500 mL 水中,搅拌均匀,冷却备用。

④酸性高锰酸钾溶液,$\rho(KMnO_4) = 25\ g/L$:称取 25 g 高锰酸钾于 1 000 mL 烧杯中,加入 500 mL 水,稍微加热使其全部溶解,然后加入 1 mol/L 硫酸溶液 500 mL,搅拌均匀,贮于棕色试剂瓶中。

⑤N-(1-萘基)乙二胺盐酸盐贮备液,$\rho[C_{10}H_7NH(CH_2)_2NH_2 \cdot 2HCl] = 1.00\ g/L$:称取 0.50 g N-(1-萘基)乙二胺盐酸盐于 500 mL 容量瓶中,用水溶解稀释至刻度线。此溶液贮于密闭的棕色瓶中,在冰箱中冷藏可稳定保存 3 个月。

⑥显色液:称取 5.0 g 对氨基苯磺酸($NH_2C_6H_4SO_3H$)溶解于 200 mL 40 ~50 ℃热水中,将溶液冷却至室温,全部移入 1 000 mL 容量瓶中,加入 50 mL N-(1-萘基)乙二胺盐酸盐贮备溶液和 50 mL 冰乙酸,用水稀释至刻度线。此溶液贮于密闭的棕色瓶中,在 25 ℃以下暗处存放可稳定 3 个月。若溶液呈现淡红色,应弃之重配。

⑦吸收液:使用时将显色液和水按 4∶1(V/V)比例混合,即为吸收液。吸收液的吸光度应小于等于 0.005。

⑧亚硝酸盐标准贮备液,$\rho(NO_2^-) = 250\ \mu g/mL$:准确称取 0.375 0 g 亚硝酸钠[$NaNO_2$,优级纯,使用前在($105 \pm 5$)℃干燥恒重]溶于水,移入 1 000 mL 容量瓶中,用水稀释至标线。此溶液贮于密闭棕色瓶中于暗处存放,可稳定保存 3 个月。

⑨亚硝酸盐标准工作液,$\rho(NO_2^-) = 2.5\ \mu g/mL$:准确吸取亚硝酸盐标准贮备液 1.00 mL 于 100 mL 容量瓶中,用水稀释至标线。临用现配。

4)实验步骤

（1）样品

①短时间采样(1 h 以内):取两支内装 10.0 mL 吸收液的多孔玻板吸收瓶和 1 支内装 5 ~10 mL 酸性高锰酸钾溶液的氧化瓶(液柱高度不低于 80 mm),用尽量短的硅橡胶管将氧化瓶串联在两支吸收瓶之间,以 0.4 L/min 流量采气 4 ~24 L。

②长时间采样(24 h):取两支大型多孔玻板吸收瓶,装入 25.0 mL 或 50 mL 吸收液(液柱高度不低于 80 mm),标记液面位置。取一支内装 50 mL 酸性高锰酸钾溶液的氧化瓶,接入采样系统,将吸收液恒温在(20 ± 4)℃,以 0.2 L/min 流量采气 288 L。

【注】 氧化管中有明显的沉淀物析出时,应及时更换。

一般情况下,内装 50 mL 酸性高锰酸钾溶液的氧化瓶可使用 15 ~20 d(隔日采样)。

采样过程注意观察吸收液颜色变化,避免因氮氧化物浓度过高而穿透。

③采样要求:采样前应检查采样系统的气密性,用皂膜流量计进行流量校准。采样流量的相对误差应小于 ±5%。

采样期间,样品运输和存放过程中应避免阳光照射。气温超过 25 ℃时,长时间(8 h 以上)运输和存放样品应采取降温措施。

采样结束时,为防止溶液倒吸,应在采样泵停止抽气的同时,闭合连接在采样系统中的止水夹或电磁阀(见图 5.3、图 5.4)。

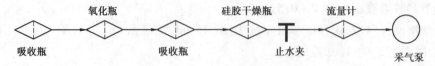

图 5.3　手工采样系列示意图

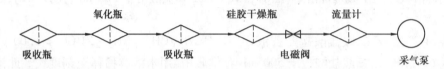

图 5.4　连续自动采样系列示意图

④现场空白:装有吸收液的吸收瓶带到采样现场,与样品在相同的条件下保存、运输,直至送交实验室分析,运输过程中应注意防止沾污。每次采样至少作两个现场空白。

⑤样品的保存:样品采集、运输及存放过程中避光保存,样品采集后尽快分析。若不能及时测定,将样品于低温暗处存放,样品在 30 ℃暗处存放,可稳定 8 h;在 20 ℃暗处存放可稳定 24 h;于 0~4 ℃冷藏,至少可稳定 3 d。

(2)分析步骤

①标准曲线的绘制:取 6 支 10 mL 具塞比色管,按照表 5.6 制备亚硝酸盐标准溶液系列。根据表 5.6 分别移取相应体积的亚硝酸钠标准工作液,加水至 2.00 mL,加入显色液 8.00 mL。

各管混匀,于暗处放置 20 min(室温低于 20 ℃时放置 40 min 以上),用 10 mm 比色皿,在波长 540 nm 处,以水为参比测量吸光度,扣除 0 号管的吸光度后,对应 NO_2^- 的浓度,用最小二乘法计算标准曲线的回归方程。

标准曲线斜率控制在 0.180~0.195(吸光度 · mL/μg),截距控制在 ±0.003 之间。

表 5.6　NO_2^- 标准溶液系列

管　号	0	1	2	3	4	5
标准工作液/mL	0.00	0.40	0.80	1.20	1.60	2.00
水/mL	2.00	1.60	1.20	0.80	0.40	0.00
显色液/mL	8.00	8.00	8.00	8.00	8.00	8.00
NO_2^- 浓度/$(\mu g \cdot mL^{-1})$	0.00	0.10	0.20	0.30	0.40	0.50

②空白试验。

a. 实验室空白试验:取实验室内未经采样的空白吸收液,用 10 mm 比色皿,在波长 540 nm 处,以水为参比测定吸光度。实验室空白吸光度 A_0 在显色规定条件下波动范围不超过 ±15% 。

b. 现场空白:同实验室空白测定吸光度。将现场空白和实验室空白的测量结果相对照,若现场空白与实验室空白相差较大,查找原因,重新采样。

③样品测定。

采样后放置 20 min,室温 20 ℃以下时放置 40 min 以上,用水将采样瓶中吸收液的体积补充至标线,混匀。用 10 mm 比色皿,在波长 540 nm 处,以水为参比测量吸光度,同时测定空白样品的吸光度。

若样品的吸光度超过标准曲线的上限,应用实验室空白试液稀释,再测定其吸光度。但稀释倍数不得大于 6。

5)计算

①空气中二氧化氮浓度 $\rho(\mathrm{NO_2})(\mathrm{mg/m^3})$ 按下式计算:

$$\rho(\mathrm{NO_2}) = \frac{(A_1 - A_0 - a) \times V \times D}{b \times f \times V_0}$$

②空气中一氧化氮浓度 $\rho(\mathrm{NO})(\mathrm{mg/m^3})$ 以二氧化氮计,按下式计算:

$$\rho(\mathrm{NO}) = \frac{(A_2 - A_0 - a) \times V \times D}{b \times f \times V_0 \times K}$$

$\rho'(\mathrm{NO})(\mathrm{mg/m^3})$ 以一氧化氮计,按下式计算:

$$\rho'(\mathrm{NO}) = \frac{\rho_{\mathrm{NO}} \times 30}{46}$$

③空气中氮氧化物的浓度 $\rho(\mathrm{NO_x})$ 以二氧化氮计,按下式计算:

$$\rho(\mathrm{NO_x}) = \rho(\mathrm{NO_2}) + \rho(\mathrm{NO})$$

式中　A_1, A_2——分别为串联的第 1 支和第 2 支吸收瓶中样品的吸光度;

A_0——实验室空白的吸光度;

b——标准曲线的斜率,吸光度·$\mathrm{mL/\mu g}$;

a——标准曲线的截距;

V——采样用吸收液体积,mL;

V_0——换算成标准状态(101.325 kPa,273 K)下的采样体积,L;

K——$\mathrm{NO} \rightarrow \mathrm{NO_2}$氧化系数,0.68;

D——样品的稀释倍数;

f——Saltzman 实验系数,0.88(当空气中二氧化氮浓度高于 0.72 $\mathrm{mg/m^3}$时,f 取值 0.77)。

6)注意事项

①配制吸收液时,应避免在空气中长时间曝露,以免吸收空气中的氮氧化物。日光照射能使吸收液显色,因此在采样、运送及存放过程中,都应采取避光措施。

②氧化管适用于相对湿度为 30% ~ 70% 时使用,当空气相对湿度大于 70% 时,应勤换氧化管;小于 30% 时,在使用前,用经过水面的潮湿空气通过氧化管,平衡 1 h,再使用。

③溶液若呈黄棕色,表明吸收液已受三氧化铬污染,该样品应报废。

④在绘制标准曲线过程中,向各管加亚硝酸钠标准溶液时,都以均匀、缓慢的速度加入,曲线的线性较好。

⑤采样结束时,为防止溶液倒吸,应在采样泵停止抽气的同时,闭合连接在采样系统中的止水夹或电磁阀。

7)思考题

①测定空气中氮氧化物时如何进行质量控制?
②拟订测试方法分别测定空气中二氧化氮或一氧化氮的浓度。

实验十三 大气降水中氟、氯、亚硝酸盐、硝酸盐、硫酸盐的测定 ——离子色谱法

此法依据《大气降水采样和分析方法总则》(GB 13580.1—92)、《大气降水样品的采集与保存》(GB 13580.2—92)、《大气降水中氟、氯、亚硝酸盐、硝酸盐、硫酸盐的测定 离子色谱法》(GB 13580.5—92)的内容,采用离子色谱法测定降水中的氟、氯、亚硝酸盐、硝酸盐、硫酸盐。

降水监测的主要目的是了解在降雨过程中从空气中降落到地面的沉降物的主要组成,以及某些污染组分的性质和含量,为分析和控制空气污染提供依据。

本次实验主要针对大气降水中的氟、氯、亚硝酸盐、硝酸盐、硫酸盐,采用的方法是离子色谱法。该方法进样体积为 50 μL,最低检出浓度分别为:

阴离子	F^-	Cl^-	NO_2^-	NO_3^-	SO_4^{2-}
检出限/$(mg \cdot L^{-1})$	0.03	0.03	0.05	0.10	0.10

1)实验目的

①掌握并熟悉离子色谱仪的使用;
②掌握用离子色谱仪测定氟、氯、亚硝酸盐、硝酸盐、硫酸盐的原理;
③了解降水中的主要成分及其危害。

2)实验原理

离子色谱法测定阴离子是利用离子交换原理进行分离,由抑制柱扣除淋洗液背景电导,然后利用电导检测器进行测定。根据混合标准溶液中阴离子出峰的保留时间以及峰高可进行定性和定量测定各种阴离子。一次进样可连续测定6种无机阴离子(F^-,Cl^-,NO_2^-,NO_3^-,HPO_4^-,SO_4^{2-})。

3)实验仪器和试剂

(1)仪器
①离子色谱仪。
②双笔记录仪(或积分仪),或与离子色谱仪配套的记录仪。
③前置柱。

④分离柱。

⑤抑制柱或国产电化学抑制器。

⑥仪器工作条件:可根据不同型号的仪器说明书选择,以下仅为一例供参考。

a. 主机量程:10~30 μs;

b. 泵流速:2.0 mL/ min;

c. 分离柱温度:25 ℃;

d. 进样体积:50 μL。

⑦采样器:

采集大气降水可用降水自动采样器采样,或用聚乙烯塑料小桶(上口直径40 cm,高20 cm采样)。采集雪水可用聚乙烯塑料容器,上口直径60 cm以上。

【注】 ①采样器具在第一次使用前,用10%(V/V)盐酸(或硝酸)浸泡一昼夜,用自来水洗至中性,再用去离子水冲洗多次。然后加少量去离子水振摇,用离子色谱法检查水中的Cl⁻,若与去离子水相同,即为合格。晾干,加盖保存在清洁的橱柜内。

②采样器每次使用后,先用去离子水冲洗干净,晾干,然后加盖保存。

⑧0.45 μm有机微孔滤膜和过滤装置(见图5.5)。

【注】 过滤器在第一次使用前,用10%(V/V)盐酸浸泡一昼夜,用自来水洗至中性,再用去离子水清洗,用离子色谱法检查水中的Cl⁻,若与去离子水相同,即合格。以后每次使用前均用去离子水洗涤。

(2)试剂

所用的水均应为电导率小于1 μS/cm的去离子水。

①氟化物标准溶液:1 000 μg/mL。准确称取2.210 0 g氟化钠(NaF,105 ℃干燥2 h),溶于水,并定容至1 000 mL。

②氯化物标准溶液:1 000 μg/mL。准确称取1.648 0 g氯化钠(NaCl,105 ℃烘2 h),溶于水,并定容至1 000 mL。

③亚硝酸盐标准溶液:1 000 μg/mL。准确称取1.500 0 g亚硝酸钠(NaNO₂,干燥器中干燥24 h),溶于水,并定容至1 000 mL。

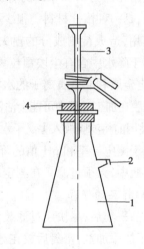

图5.5 过滤装置
1—滤装抽滤瓶;2—滤瓶接抽气泵;
3—抽气带砂芯的玻璃过滤器;
4—砂芯胶塞

④硝酸盐标准溶液:1 000 μg/mL。准确称取1.630 5 g硝酸钾(KNO₃,干燥器中干燥24 h),溶于水,并定容至1 000 mL。

⑤硫酸盐标准溶液:1 000 μg/mL。准确称取1.814 0 g硫酸钾(K₂SO₄,105 ℃烘2 h),溶于水,并定容至1 000 mL。

⑥淋洗液(0.003 mol/L碳酸氢钠,0.002 5 mol/L碳酸钠):称取2.520 3 g碳酸氢钠(NaHCO₃)和2.649 8 g无水碳酸钠(Na₂CO₃),溶于水,并定容至1 000 mL。装入专用的塑料桶中或按有关仪器说明书配制。淋洗液应经0.45 μm滤膜过滤后使用。

⑦硫酸溶液:0.012 5 mol/L。量取浓硫酸1.4 mL,在不断搅拌下,慢慢倒入水中,稀释至2 000 mL,装入塑料桶中。或按仪器说明书要求配制。

4)实验步骤

(1)大气降水的采样

①采样器放置的相对高度应在 1.2 m 以上。

②每次降雨(雪)开始,立即将备用的采样器放置在预定采样点的支架上,打开盖子开始采样,并记录开始采样的时间。不得在降水前打开盖子采样,以防干沉降的影响。

③取每次降水的全过程样(降水开始至结束)。若一天中有几次降水过程,可合并为一个样品测定。若遇连续几天降雨,可收集上午 8:00 至次日上午 8:00 的降水,即 24 h 降水样品作为一个样品进行测定。

④采集的样品应移入洁净干燥的聚乙烯塑料瓶中,密封保存。在样品瓶上贴上标签、编号,同时记录采样地点、日期、起止时间、降水量。

(2)样品的预处理

选用孔径为 0.45 μm 的有机微孔滤膜作过滤介质。该滤膜的孔径均匀,孔隙率高,过滤速度快,是一种惰性材料。很少有吸附现象发生,可避免与样品中的化学成分发生吸附和离子交换作用,造成待测成分的损失和沾污,能满足过滤样品的要求。过滤装置可在玻璃商店购置。由于降水中含有尘埃颗粒物、微生物等微粒,所以除测定 pH 值和电导率的降水样不过滤外,测定金属和非金属离子的水样均需用孔径 0.45 μm 的滤膜过滤。

滤膜在加工过程中可能会沾污少量的 F^-,Cl^-,NO_2^-,NO_3^-,SO_4^{2-},K^+,Na^+,Ca^{2+},Mg^{2+} 等离子。因此,使用前将滤膜放入去离子水中浸泡 24 h。并用去离子水洗涤数次后,再进行过滤操作。

用于测电导率和 pH 值的降水样品的处理:将采集的降水样品装入干燥清洁的白色聚乙烯塑料瓶中,无须过滤。在测定时,要先测电导率,再测 pH 值。

(3)样品的保存

样品采集后,尽快用过滤装置除去降水样品中的颗粒物,将滤液装入干燥清洁的白色塑料瓶中,不加添加剂,密封后放在冰箱中保存。以减缓由于物理作用(如挥发作用和吸收大气中的 SO_2、酸碱气体等)、化学作用(SO_2 氧化成 SO_4^{2-}、NO_2^- 氧化成 NO_3^-)和生物作用(如某些微生物是以 NH_4^+、NO_3^- 作为养料的),导致样品中待测成分的改变。降水中各成分的保存容器和储存方式及保存时间见表5.7。

表5.7 降水样品的保存

待测项目	储存容器	储存方式	保存时间
F^-	聚乙烯瓶	冰箱(3~5 ℃)	一个月
Cl^-	聚乙烯瓶	冰箱(3~5 ℃)	一个月
NO_2^-	聚乙烯瓶	冰箱(3~5 ℃)	24 h
NO_3^-	聚乙烯瓶	冰箱(3~5 ℃)	24 h
SO_4^{2-}	聚乙烯瓶	冰箱(3~5 ℃)	一个月
电导率	聚乙烯瓶	冰箱(3~5 ℃)	24 h
pH 值	聚乙烯瓶	冰箱(3~5 ℃)	24 h

（4）校准曲线的绘制

根据降水样品中各离子的相对含量，配制 5 种离子的混合标准系列。按前述仪器工作条件开动仪器，待基线稳定后，注入标准系列样品。记录仪按一定顺序记录各离子的峰高，可根据溶液中离子的浓度和相应的峰高绘制校准曲线。

（5）样品测定

按绘制校准曲线的程序测定样品峰高，由样品峰高从校准曲线上查得相应浓度。

5) 计算

降水中氟化物（按 F^- 计），氯化物（按 Cl^- 计），亚硝酸盐（按 NO_2^- 计），硝酸盐（按 NO_3^- 计），硫酸盐（按 SO_4^{2-} 计）的浓度以 mg/L 表示。可按下式计算：

$$C = M \times D$$

式中　C——样品中待测离子含量，mg/L；

M——由校准曲线上查得样品中待测离子的含量，mg/L；

D——样品稀释倍数。

6) 注意事项

①亚硝酸根不稳定，最好临用前现配。

②样品需经 0.45 μm 微孔滤膜过滤，除去样品中颗粒物，防止系统堵塞。

③注意整个系统不要进气泡，否则会影响分离效果。

④不同型号的离子色谱仪可参照本法选择合适的色谱条件。

⑤在与绘制校准曲线相同的色谱条件下测定样品的保留时间和峰高（或峰面积）。

⑥注意器皿清洁，防止引入污染，干扰测定。

7) 思考题

①大气降水中除了上述成分外还有哪些成分？哪些具有危害性？

②如果系统中进入气泡，将会对实验造成什么样的影响？

③简述离子色谱法的原理及优缺点。

实验十四　土壤中农药残留量的测定
——气相色谱法

此法根据《土壤中六六六和滴滴涕测定的气相色谱法》（GB/T 14550—2003）、《土壤环境监测技术规范》（HJ/T 166—2004）和《农田土壤环境质量监测技术规范》（NY/T 395—2012），采用气相色谱法对土壤中残留农药六六六和滴滴涕进行浓度测定。

农药是保证农作物高产丰收的重要农业生产资料，一直是化学工业发展的重点，也是现有人类管理的所有具有潜在毒性的化合物中，被有意识地释放到环境中以实现其价值的物质。20 世纪 80 年代以前，我国农药一直是以有机氯农药占首位（约占农药总产量的 60% 左右）。

但部分有机氯杀虫(菌)剂性质稳定,难溶于水而易溶于脂,残效期长,被大量用于防治农林害虫,造成土壤、水域和空气污染。

六六六和滴滴涕属于高毒性、高生物活性的有机氯农药,在土壤中残留时间长,其半衰期为 2~4 年。土壤被六六六和滴滴涕污染后,对土壤生物和植物都会产生直接毒害,并通过生物富集和食物链进入人体,危害人体健康。土壤样品中的六六六和滴滴涕等农药也表现出雌性激素的作用,因此被作为一个新的环境问题而日益受到关注。

1)实验目的

①掌握用气相色谱法测定土壤中六六六和滴滴涕农药的原理;
②了解气相色谱仪的结构及操作方法;
③掌握气相色谱法的定性、定量方法。

2)实验原理

土壤样品中的六六六(BHC)和滴滴涕(DDT)农药残留量分析采用有机溶剂提取,经液、液分配及浓硫酸净化或柱层析净化除去干扰物质,用电子捕获检测器(ECD)检测,根据色谱峰的保留时间定性,外标法定量。

3)实验仪器和试剂

(1)仪器
①脂肪提取器(索式提取器)。
②旋转蒸发器。
③振荡器。
④水浴锅。
⑤离心机。
⑥玻璃器皿:样品瓶(玻璃磨口瓶),300 mL 分液漏斗,300 mL 具塞锥形瓶,100 mL 量筒,250 mL 平底烧瓶,25,50,100 mL 容量瓶。
⑦微量注射器。
⑧气相色谱仪:带电子捕获检测器(^{63}Ni 放射源)。
(2)试剂
①载气:氮气(N_2)纯度≥99.99%。
②标准样品及土壤样品分析时使用的试剂和材料。所使用的试剂除另有规定外均系分析纯,水为蒸馏水。
A. 农药标准品:
α-BHC,β-BHC,γ-BHC,δ-BHC,P. P′-DDE,Ò. P′-DDT,P. P′-DDD,P. P′-DDT,纯度为 98.0%~99.0%。
a. 农药标准溶液制备:准确称取农药标准品,每种 100 mg(准确到 ±0.000 1 g),溶于异辛烷或正己烷(β-BHC 先用少量苯溶解),在 100 mL 容量瓶中定容至刻度,在冰箱中储存。
b. 农药标准中间溶液配制:用移液管分别量取 8 种农药标准溶液,移至 100 mL 容量瓶中,

用异辛烷或正己烷稀释至刻度,8 种储备液的体积比为:

$$V_{\alpha\text{-BHC}} : V_{\beta\text{-BHC}} : V_{\gamma\text{-BHC}} : V_{\delta\text{-BHC}} : V_{P,P'\text{-DDE}} : V_{O,P'\text{-DDT}} : V_{P,P'\text{-DDD}} : V_{P,P'\text{-DDT}} = 1 : 1 : 3.5 : 1 : 3.5 : 5 : 3 : 8 (适用于填充柱)。$$

c. 农药标准工作溶液配制:根据检测器的灵敏度及线性要求,用石油醚或正己烷稀释中间标液,配制成几种浓度的标准工作溶液,在 4 ℃下储存。

B. 异辛烷(C_8H_{18})。

C. 正己烷(C_6H_{14}):沸程 67 ~ 69 ℃,重蒸。

D. 石油醚:沸程 60 ~ 90 ℃,重蒸。

E. 丙酮(CH_3COCH_3):重蒸。

F. 苯(C_6H_6):优级纯。

G. 浓硫酸(H_2SO_4):优级纯。

H. 无水硫酸钠(Na_2SO_4):在 300 ℃烘箱中烘烤 4 h,放入干燥器备用。

I. 硫酸钠溶液:20 g/L。

J. 硅藻土:试剂级。

4) 实验步骤

(1)样品

①样品性状:

样品种类:土壤;

样品状态:固体;

样品的稳定性:在土壤样品中的六六六、滴滴涕化学性质稳定。

②样品制备:

制样工作场地:应设风干室、磨样室。房间向阳(严防阳光直射土样),通风、整洁、无扬尘、无易挥发化学物质。

制样工具与容器:晾干用白色搪瓷盘及木盘;磨样用玛瑙研磨机、玛瑙研钵、白色瓷研钵、木棍、木棒、木槌、有机玻璃棒、有机玻璃板、硬质木板、无色聚乙烯薄膜等;过筛用尼龙筛,规格为 20 ~ 100 目;分装用具塞磨口玻璃瓶、具塞无色聚乙烯塑料瓶,无色聚乙烯塑料袋或特制牛皮纸袋,规格视量而定。

制样程序:

a. 湿样晾干:在晾干室将湿样放置晾样盘,摊成 2 cm 厚的薄层,并间断地压碎、翻拌,拣出碎石、沙砾及植物残体等杂质。

b. 样品粗磨:在磨样室将风干样倒在有机玻璃板上,用槌、棍、棒再次压碎,拣出杂质并用四分法分取压碎样,全部过 20 目尼龙筛。过筛后的样品全部置于无色聚乙烯薄膜上,充分混合直至均匀。经粗磨后的样品用四分法分成两份:一份交样品库存放;另一份作样品的细磨用。粗磨样可直接用于土壤 pH、土壤阳离子交换量、土壤测速养分含量、元素有效性含量分析。

c. 样品细磨:用于细磨的样品用四分法进行第二次缩分成两份:一份留备用;一份研磨至全部过 60 目或 100 目尼龙筛,过 60 目(孔径 0.25 mm)土样,用于农药或土壤有机质、土壤全氮量等分析;过 100 目(孔径 0.149 mm)土样,用于土壤元素全量分析。

d. 样品分装:经研磨混匀后的样品,分装于样品袋或样品瓶。填写土壤标签一式两份,瓶内或袋内放 1 份,外贴 1 份。

③样品的保存:土壤样品采集后应尽快分析,如暂不分析可保存在 -18 ℃冷冻箱中。

(2)分析步骤

①称量。

准确称取 20.0 g 土壤置于小烧杯中,加蒸馏水 2 mL,硅藻土 4 g,充分混匀,无损地移入滤纸筒内,上部盖一片滤纸,将滤纸筒装入索式提取器中,加 100 mL 石油醚—丙酮(1:1),用 30 mL 浸泡土样,12 h 后在 75~95 ℃恒温水浴锅上加热提取 4 h,每次回流 4~6 次,待冷却后,将提取液移入 300 mL 的分液漏斗中,用 10 mL 石油醚分 3 次冲洗提取器及烧瓶,将洗液并入分液漏斗中,加入 100 mL 硫酸钠溶液,振荡 1 min,静置分层后,弃去下层丙酮水溶液,留下石油醚提取液待净化。

②净化。

浓硫酸净化法:适用于土壤、生物样品。在分液漏斗中加入石油醚提取液体积 1/10 的浓硫酸,振摇 1 min,静置分层后,弃去硫酸层(注意:用浓硫酸净化过程中,要防止发热爆炸,加浓硫酸后,开始要慢慢振摇,不断放气,然后再较快振摇),按上述步骤重复数次,直至加入的石油醚提取液二相界面清晰均呈透明时止。然后向弃去硫酸层的石油醚提取液中加入其体积量一半左右的硫酸钠溶液。振摇十余次。待其静置分层后弃去水层。如此重复至提取液成中性时止(一般 2~4 次),石油醚提取液再经装有少量无水硫酸钠的筒型漏斗脱水,滤入 250 mL 平底烧瓶中,用旋转蒸发器浓缩至 5 mL,定容 10 mL。定容,供气相色谱测定。

③分相色谱测定。

A. 测定条件 A

a. 柱。

● 玻璃柱:2.0 m×2 mm(i. d),填装涂有 1.5% OV-17 + 1.95% QF-1 的 ChromosorbWAW-DMCS,80~100 目的担体。

● 玻璃柱:2.0 m×2 mm(i. d),填装涂有 1.5% OV-17 + 1.95% OV-210 的 Chromosorb-WAW-DMCS-HP80~100 目的担体。

b. 温度:柱箱 195~200 ℃,汽化室 220 ℃,检测器 280~300 ℃。

c. 气体流速:氮气(N₂)50~70 mL/min。

d. 检测器:电子捕获检测器(ECD)。

B. 测定条件 B

a. 柱:石英弹性毛细管柱 DB-I7,30 m×0.25 mm(i. d)。

b. 温度:(柱温采用程序升温方式)

150 ℃ $\xrightarrow{\text{恒温 1 min,9 ℃/min}}$ 280 ℃ $\xrightarrow{\text{恒温 280 min}}$ 280 ℃,进样口 220 ℃,检测器(EDC)

c. 气体流速:氮气 1.0 mL/min;尾吹 37.25 mL/min。

C. 气相色谱中使用农药标准样品的条件

标准样品的进样体积与试样的进样体积相同,标准样品的响应值接近试样的响应值。当一个标样连续注射进样两次,其峰高(或峰面积)相对偏差不大于 700,即认为仪器处于稳定状态。在实际测定时标准样品和试样应交叉进样分析。

D. 进样

a. 进样方式:注射器进样。

b. 进样量:1~4 μL。

E. 色谱图

a. 定性分析。

组分的色谱峰顺序:α-BHC,γ-BHC,β-BHC,δ-BHC,P. P'-DDE,O. P'-DDT,P. P'-DDD,P. P'-DDT。

检验可能存在的干扰,采取双柱定性。用另一根色谱柱1.5% OV-17 + 1.95% OV-210 的 ChromosorbWAW-DMCS-HP 80~100 目进行确证检验色谱分析,可确定六六六、滴滴涕及杂质干扰状况。

b. 定量分析。

气相色谱分析:吸取 1 μL 混合标准溶液注入气相色谱仪,记录色谱峰的保留时间和峰高(或峰面积)。再吸取 1 μL 试样,注入气相色谱仪,记录色谱峰的保留时间和峰高(或峰面积),根据色谱峰的保留时间和峰高(或峰面积)采用外标法定性和定量。

5)计算

$$X = \frac{c_{is} \times V_{is} \times H_i(S_i) \times V}{V_i \times H_{is}(S_{is}) \times m}$$

式中 X——样本中农药残留量,mg/kg;

c_{is}——标准溶液中 i 组分农药浓度,μg/mL;

V_{is}——标准溶液进样体积,μL;

V——样本溶液最终定容体积,mL;

V_i——样本溶液进样体积,μL;

$H_{is}(S_{is})$——标准溶液中 i 组分农药的峰高(mm 或峰面积 mm^2);

$H_i(S_i)$——样本溶液中 i 组分农药的峰高(mm 或峰面积 mm^2);

m——称样质量,g。

6)注意事项

①色谱分析要求进样时间在 1 s 内完成,否则,将造成色谱峰扩张,甚至改变峰形。

②在测定前对气相色谱仪进行校准,一个样品连续进样两次,其峰值相对偏差不大于7%,即认为仪器处于稳定状态。

③在用硫酸净化过程中,要防止硫酸发热爆炸,加硫酸后,开始要慢慢振摇,不断放气,然后剧烈振摇。

7)思考题

①六六六和滴滴涕的危害有哪些?

②怎样用气相色谱仪对土壤样品中六六六和滴滴涕的异构体进行定性和定量分析?

③汽化温度为什么选择在 220 ℃？

④本实验中分析误差的主要来源有哪些？

实验十五　固体废物中金属 Cd 的测定
——原子吸收分光光度法

本实验依据《固体废物 铜、锌、铝、镉的测定 原子吸收分光光度法》(GB/T 15555.2—1995)、《固体废物 浸出毒性浸出方法 水平振荡法》(HJ 557—2010),采用《固体废物 铜、锌、铝、镉的测定 原子吸收分光光度法》中 KI-MIBK 萃取火焰原子吸收法,忽略标准中的直接吸入火焰原子吸收法,进行固体废物浸出液中 Cd 的测定。

固体废物中金属 Cd 是动植物非必需的有毒有害金属元素,可在土壤中蓄积,并通过食物链进入人体,对人体造成很大的危害。

1) 实验目的

①熟悉原子分光光度计的使用。

②掌握原子分光光度法测定固体废物中金属 Cd 的原理。

③了解并掌握固体废物浸出液的制备。

2) 实验原理

原子吸收分光光度法(AAS)指的是利用气态原子可以吸收一定波长的光辐射,使原子中外层的电子从基态跃迁到激发态的现象而建立的。由于各种原子中电子的能级不同,将有选择性地共振吸收一定波长的辐射光,这个共振吸收波长恰好等于该原子受激发后发射光谱的波长,由此可作为元素定性的依据,而吸收辐射的强度可作为定量的依据。AAS 现已成为无机元素定量分析应用最广泛的一种分析方法。

在约 1% 的 HCl 介质中,Cd^{2+} 与 I^- 形成离子缔合物,在 HCl 浓度达 1% ~ 2%,KI 为 0.1 mol/L 时,MIBK 对于 Cd 的萃取率在 99.3% 以上。将 MIBK 相吸入火焰,进行原子吸收法测定。

当样品中存在能与镉形成比和 KI 更为稳定络合物的络合剂时,则需将其氧化分解后再进行测定。用本方法进行固体废物浸出液中镉的测定时,其测定范围为 1 ~ 50 μg/L。

3) 实验仪器和试剂

(1) 仪器

①原子吸收分光光度计。

②镉空心阴极灯。

③乙炔钢瓶或乙炔发生器。

④空气压缩机,应备有除水、除油和除尘装置。

⑤仪器参数:根据仪器说明书要求自己选择测试条件。一般仪器的使用条件见表5.8。

表 5.8　一般仪器使用的条件

元　素	镉
测定波长/nm	228.8
通带宽度/nm	1.3
火焰性质	贫燃
其他可选谱线/nm	326.1

⑥振荡设备:频率可调的往复式水平振荡装置。

⑦提取瓶:2 L 具旋盖和内盖的广口瓶,由不能浸出或吸附样品所含成分的惰性材料(如玻璃或聚乙烯等)制成。

⑧过滤器

a.过滤装置:加压过滤装置或真空过滤装置,对难过滤的样品也可采用离心分离装置。

b.滤膜:0.45 μm 微孔滤膜。

⑨天平:精度不低于 ±0.01 g。

⑩筛:涂 Teflon 的筛网,孔径为 3 mm。

(2)试剂

除非另有说明,均使用符合国家标准或专业标准的试剂,去离子水或同等纯度的水。

①盐酸(HCl),优级纯。

②盐酸(1+1),用优级纯盐酸配制。

③盐酸 0.2%,用优级纯盐酸配制。

④抗坏血酸($C_6H_8O_6$),优级纯,10% 水溶液。

⑤镉标准贮备溶液:1.000 mg/L。称取 1.000 0 g 光谱纯金属镉。用 20 mL 盐酸(1+1)溶解后,水定容至 1 000 mL。此溶液每毫升分别含 1.00 mg 镉。

⑥镉标准溶液:镉 0.5 μg/L。用镉的标准贮备溶液和 0.2% 盐酸溶液逐级稀释配制而成。

⑦碘化钾 2 mol/L:称取 33.2 g 优级纯碘化钾溶于 100 mL 纯水中。

⑧甲基异丁基甲酮(MIBK,$C_6H_{11}O$)水饱和溶液:在分液漏斗中放入甲基异丁基甲酮和等体积的水,振摇 1 min,静置分层(约 3 min)后弃去水相,上层的有机相待用。

4)实验步骤

(1)试样的制备

挑除样品中的杂物,将采集的所有样品破碎,使样品颗粒全部通过 3 mm 孔径的筛。

(2)含水率测定

①根据固体废物的含水量,称取 20~100 g 样品,于预先干燥恒重的具盖容器中,在105 ℃下烘干,恒重至 ±0.01 g,计算样品含水率。

【注】　容器的材料必须与废物不发生反应。

②样品中含有初始液相时,应将样品进行压力过滤,再测定滤渣的含水率。并根据总样品

量(初始液相与滤渣质量之和)计算样品的含水率和干固体百分数。

【注】 进行含水率测定后的样品,不得用于浸出毒性检测。

(3)浸出步骤

①样品中含有初始液相时,应用压力过滤器和滤膜对样品进行过滤。干固体百分数小于或等于9%的,所得到的初始液相即为浸出液,直接进行分析;干固体百分数大于9%的,将滤渣按下述步骤浸出,初始液相与全部浸出液混合后进行分析。

②称取干基质量为100 g的试样,置于2 L提取瓶中,根据样品的含水率,按液固比为10∶1(L/kg)计算出所需浸提剂的体积,加入浸提剂,盖紧瓶盖后垂直固定在水平振荡装置上,调节振荡频率为(110±10)次/min、振幅为40 mm,在室温下振荡8 h后取下提取瓶,静置16 h。在振荡过程中有气体产生时,应定时在通风橱中打开提取瓶,释放过度的压力。

③在压力过滤器上装好滤膜,过滤并收集浸出液,按各待测物分析方法的要求进行保存。

④除非消解会造成待测金属的损失,用于金属分析的浸出液应按分析方法的要求进行消解。

(4)样品保存

浸出液如不能很快进行分析,应加浓硝酸酸化至1%保存,时间不得超过一周。

(5)空白试验

用水代替样品,采用和样品相同的步骤和试剂,在测定试料的同时测定空白值。

(6)校准曲线的绘制

①参考表5.9在50 mL容量瓶中,用0.2% HCl溶液将镉标准溶液配制成至少5个工作标准溶液,其浓度范围应包括固体废物提取液中镉的浓度。

表5.9　标准系列配制和浓度

镉标准液加入体积/mL	0	0.50	1.00	2.00	3.00	4.00
Cd标准系列含量/μg	0	0.25	0.50	1.00	1.50	2.00

在编号的50 mL具塞比色管中,分别加入上述工作标准溶液10 mL。在另外的比色管中分别加入适量浸出液(如5~20 mL,视其Cd的含量而定),以及相应的空白试样。

②萃取:在上述每支比色管中分别加入抗坏血酸2.0 mL,(1+1)HCl 0.5 mL,KI溶液2.5 mL,定容至50 mL,加塞摇匀。准确加入5 mL水饱和的甲基异丁基甲酮,振摇1 min,打开塞子放气后再将塞子盖好,静置分层。

③测定:根据最佳条件调节火焰,吸入MIBK后调节好仪器零点。依次序吸入空白、工作标准系列和试样空白及试料MIBK萃取相,测定吸光度。

用测得的吸光度值扣除空白后与相对应的浓度绘制校准曲线,并利用校准曲线查出试料中镉的浓度。

5)计算

浸出液中Cd浓度c(mg/L),按下式计算:

$$c = c_1 \times \frac{V_0}{V}$$

式中　c_1——被测试料中镉的浓度,mg/L;

　　　V_0——制样时定容体积,mL;

　　　V——试料的体积,mL。

6) 注意事项

①当测定某个试料的吸光度较大时,要先吸入 MIBK 冲洗原子化系统并调整仪器的零点,将试料用 MIBK 适当稀释后再进行测定。一般每测定 10 个试样后就要校正仪器的零点,并用一个中间浓度的标准溶液萃取液检查仪器灵敏度的稳定情况。

②应使用细内径的毛细吸管向火焰中吸入 MIBK,并应将乙炔流量适当调小,以保证吸入 MIBK 后火焰状态不变。

③萃取时应避免日光直射并远离热源。

④KI 往往空白较高,需要进行提纯处理,其步骤如下:

在配制好的 KI 溶液中加入等体积的 0.2% HCl 摇匀后用 MIBK 萃取两次,弃去 MIBK,KI 溶液待用,提纯后的 KI 溶液的浓度稀释了一倍,应注意。

KI-MIBK 体系选择性好,能与 Cu^{2+},Zn^{2+},Pb^{2+},Cd^{2+} 同时被萃取的还有 As(Ⅲ),Bi^{3+},Hg^{2+},In^{3+},Te(Ⅲ),Sn^{2+},Sb(Ⅲ),Sb(Ⅴ),Ag^+ 等,而这些离子在一般废物浸出液中含量不高,不会影响 Cu^{2+},Zn^{2+},Pb^{2+},Cd^{2+} 的萃取,即使同时萃取进入 MIBK 相,也不会对测定产生影响。K,Na,Ca,Mg,Fe,Al 等常量元素不被萃取,也能有效地消除这些基体成分的干扰。

7) 思考题

①火焰原子吸收法的原理和优缺点是什么?

②清洁水样可不经预处理直接测定,而被污染的废水需要用强酸消解,并进行过滤,为什么?

实验十六　区域环境噪声监测

此方法依据《声环境质量标准》(GB 3096—2008),对区域环境的噪声监测采用网格法,参考功能区的噪声环境监测,忽略噪声敏感建筑物的监测。

噪声污染和水污染、空气污染、固体污染一样是当今主要的环境污染之一,但噪声与后者不同,它属于物理污染(或能量污染)。一般情况下它并不致命,且与声源同时产生同时消失,噪声分布源极广,较难集中处理。噪声污染渗透到人们生产生活的各个领域,且能直接感觉到它的干扰,不像物质污染那样只有产生后果才受到注意。

噪声的主要危害是:损伤听力、干扰人们的工作和休息、影响睡眠、诱发疾病、干扰语言交流,强噪声还会影响设备的正常运转和损坏建筑结构,损害人的听力,且这种损害是累积性的。

为了能用仪器直接反映人的主观响度感觉的评价量,在噪声测量仪器——声级计中设计了一种特殊滤波器,称为计权网络。通过计权网络测得的声压级,已不再是客观物理量的声压级,而叫计权声压级或计权声级,简称声级。

本实验选择大学校园这一区域为研究对象,进行噪声监测。

1)实验目的

①了解区域环境噪声监测方法;
②掌握声级计的使用方法;
③能正确分析噪声对人类生产、生活产生的不良影响,写出评价报告;
④学会画噪声污染图。

2)实验原理

本实验采用声级计对噪声进行监测。声级计又称为噪声计,是一种按照一定的频率计权和时间计权测量声音的声压级和声级的仪器,是声学测量中最常用的基本仪器。

声级计的工作原理:声压由传感器膜片接收后,将声压信号转换成电信号,经前置放大器作阻抗变换后送到输入衰减器,由于表头指示范围一般只有 20 dB,而声音范围变化可达140 dB甚至更高,因此必须使用衰减器衰减较强的信号,再由输入放大器进行定量放大。放大后的信号由计权网络进行计权。它的设计是模拟人耳对不同频率有不同灵敏度的听觉响应,在计权网络处可外接滤波器,这样可作频谱分析。输入的信号由输入衰减器减到额定值,随即送到输入放大器放大,使信号达到相应的功率输出,输出信号经 RMS 检波后(均方根检波电路)送出有效值电压,推动电表或数字显示器,显示所检测的声压级分贝值。

3)实验仪器

声级计。

4)实验步骤

(1)测量条件
①要求在无雨无雪的天气条件下进行测量,声级计应保持传声器膜片清洁,风力在三级以上必须加风罩(以避免风噪声干扰),风速大于 5 m/s 时应停止测量,测量时尽量不要说话。
②手持仪器测量,传声器要求距离地面 1.2 m。

(2)测量步骤
①将学校的平面图按比例划分为 25 m×25 m 的网格(若学校面积大可将网格放大),测量点选在网格的中心,若中心位置不宜测量,可移到旁边能够测量的位置。
②每组两人配置一台声级计,依次到各网点测量,各监测点位分别测昼间和夜间的噪声值。声级计的使用按照使用说明书进行。
③读数方式用 LOW 挡,每 5 s 读一个瞬时 A 声级,连续读取 200 个数据,同时要判断和记录附近主要噪声源(如交通噪声、施工噪声、工厂或车间噪声等)和天气条件。

5)计算

环境噪声是随时间起伏的无规则噪声,因此,测量的结果一般要用统计值或等效声级来表示,本实验用等效声级表示。

将各监测点位每次的测量数据(200个)排列顺序,找出 L_{10},L_{50},L_{90},求出等效声级 L_{eq},再将该监测点位全天的各次 L_{eq} 求算术平均值,作为该监测点位的环境噪声评价量。其中 L_{eq} 计算式如下

$$L_{eq} \approx L_{50} + \frac{d^2}{60}$$

$$d = L_{10} - L_{90}$$

式中　L_{10}——10%的时间超过的噪声级,相当于噪声的平均峰值;

　　　L_{50}——50%的时间超过的噪声级,相当于噪声的平均值;

　　　L_{90}——90%的时间超过的噪声级,相当于噪声的本底值。

所有声级的计算结果保留到小数点后一位。

根据声环境功能区划,确定校园属几类区,应执行几类标准。查阅《声环境质量标准》(GB 3096—2008),找出标准值并将监测结果与标准值对照,判断校园声环境质量是否达标。

区域环境噪声污染可用等效声级 L_{eq} 绘制区域噪声污染图进行评价。以5 dB 为一个等级,在地图上用不同颜色的阴影表示各区域噪声的大小,见表5.10。

表5.10　各噪声带颜色和阴影表示规定

噪声带/dB	颜　色	阴影线
35 及以下	浅绿色	小点,低密度
36 ~ 40	绿色	中点,中密度
41 ~ 45	深绿色	大点,高密度
46 ~ 50	黄色	垂直线,低密度
51 ~ 55	褐色	垂直线,中密度
56 ~ 60	橙色	垂直线,高密度
61 ~ 65	朱红色	交叉线,低密度
66 ~ 70	洋红色	交叉线,中密度
71 ~ 75	紫红色	交叉线,高密度
76 ~ 80	蓝色	宽条垂直线
81 ~ 85	深蓝色	全黑

6)注意事项

①声级计距离任何反射物(地面除外)至少3.5 m 外测量,距离地面高度1.2 m 以上。必要时,置于高层建筑上,扩大监测受声范围。

②声级计属于精密仪器,使用时要格外小心,防止碰落、跌落,还要防止潮湿和淋雨。

③每次测量前要仔细核准仪器。使用电池供电的监测仪器,必须检查电池电压,电压不足应予以更换。

7) 思考题

①为什么要用分贝表示声学的基本量?

②什么叫作计权声级? 它在噪声监测中有何作用?

③声级计的基本性能是什么?

6 环境监测设计性实验

设计性实验一般由指导老师提前向学生下达设计题目、技术指标和设计要求,学生根据要求,选定实验设备和器材,拟订实验方案,并根据实验方案实施实验。

设计实验方案时应考虑所选定的实验题目的实验目的、实验中可能涉及的理论知识和实验原理,以及有关的参考资料、仪器设备、材料等方面能否满足实验所需,同时在广泛收集资料的基础上,运用所学过的理论知识和实验基础知识构思一种或多种可能方案,然后加以整理,进一步具体化,写出初步的设计方案。初步的设计方案应包括:实验原理与实验方法;所需材料、药品和仪器设备等;具体的实验步骤或实验各部分功能设计;实验数据的处理与结果分析、注意事项、质量保证措施等。初步方案完成后,交给指导教师审阅,以便对初步方案进行效果评价。通过不断对设计性实验方案的研究和实践,依据不同设计目标制订不同的设计方案,反复对学生进行设计性实验的全过程训练,有利于实现理论联系实际,提高学生的学习积极性、主动性和趣味性,培养学生独立创新的思维能力、科研能力和团队合作精神。

在整个设计实验过程中,学生是主体,教师的任务是对学生在查阅资料、方案设计等各环节给予方法上的指导。作为指导教师,在设计实验过程中要注意培养学生的独立思维和创造能力,鼓励学生大胆使用新方法,提出新观点和新思路,充分调动学生的积极性、能动性及创造性;在教学过程中要及时掌握学生实验动态,对出现的问题启发诱导,共同商量解决方案;最后再对实验进行总结,这样既提高了实验效率,学生又能在指导老师的帮助下提高分析问题、解决问题的能力。

实验一　环境水样的全氮分析

1)实验目的

①综合运用所学知识完成对环境水样全氮的测定,了解环境水样中氮元素的存在形式和各种形式的氮之间的转化关系;

②掌握如何利用各种含氮化合物的测定结果评价水体污染和水体自净状况；

③训练并提高文献资料查阅、运用相关标准与规范的能力；

④培养分析问题和解决问题的能力。

2)实验设计内容

①选取某一被生活污水污染的地表水体作为研究对象；

②实地考察,收集资料；

③设置监测断面,布设采样点；

④实际现场采样：采样方法；采样器材；采样时间和频率。

⑤样品的运输和保存；

⑥样品的前处理；

⑦样品的测定；

⑧实验数据记录与整理；

⑨编写实验报告。

3)实验设计要求

学生实验前必须根据实验目的和实验内容,查阅相关的文献资料和标准法规,掌握环境水样中各种氮的存在形式及相应的分析实验原理,拟订一份环境水样中全氮分析的详细实验方案。实验方案包括：确定监测项目、采样方法、采样器材、采样时间和频率,布设采样点,确定样品运输和保存方法、样品前处理方法、样品测定方法等,并且要制订详细的实验步骤和质量控制方案,设计出实验数据表格。实验完成后,应对实验数据进行记录与整理,编写实验报告。实验报告中还应包括对水体污染和自净状况的分析和评价,并对实验方案的每一步聚进行监督性自我评价,分析讨论实验过程中遇到的问题和取得的收获。

实验二　大气中可吸入颗粒中多环芳烃的测定

1)实验目的

①综合运用所学知识完成大气中可吸入颗粒中多环芳烃的测定；

②掌握大气中可吸入颗粒中多环芳烃的测定原理及方法；

③训练并提高文献资料查阅、运用相关标准与规范的能力；

④培养分析解决问题的能力和在户外监测岗位的实际工作能力。

2)实验设计的内容

①选取校园大气作为研究对象；

②实地考察,收集资料；

③布设采样点；

④实际现场采样:采样方法;采样器材;采样时间和频率。

⑤样品运输和保存;

⑥样品前处理;

⑦样品测定;

⑧实验数据记录与整理;

⑨编写实验报告。

3)实验设计的要求

学生实验前必须根据实验目的和实验内容,查阅相关的文献资料和标准法规,掌握大气中可吸入颗粒中多环芳烃的监测分析原理,拟订一份详细的校园大气中可吸入颗粒中多环芳烃测定的实验方案。实验方案包括:确定监测项目、采样方法、采样器材、采样时间和频率,布设采样点,确定样品运输和保存方法、样品前处理方法、样品测定方法等,并且要制订详细的实验步骤和质量控制措施,设计出实验数据表格。实验完成后,应对实验数据进行记录与整理,编写实验报告。实验报告中还应包括对测量结果的分析,并对实验方案的每一步进行监督性自我评价,分析实验过程中误差产生的原因和注意事项。

实验三 固体废物浸出毒性的检测

1)实验目的

①综合运用所学知识完成对固体废物浸出毒性的检测;

②掌握固体废物浸出毒性的浸出方法;

③训练并提高文献资料查阅、运用相关标准与规范的能力;

④培养分析解决问题的能力和岗位实际工作能力。

2)实验设计内容

①选取某种工业固体废物作为研究对象;

②通过查阅文献资料和相关标准规范,确定检测项目;

③布设采样点;

④实际现场采样:采样方法;采样器材;采样时间和频率。

⑤样品前处理——固体废物浸出毒性的浸出;

a.固体废物浸出毒性的试剂和仪器;

b.固体废物浸出毒性的浸出步骤。

⑥样品测定;

⑦实验数据记录与整理;

⑧编写实验报告。

3)实验设计要求

学生实验前必须根据实验目的和实验内容,查阅相关的文献资料和标准法规,掌握固体废物浸出毒性实验中浸出毒性的浸出步骤以及各种分析项目的分析原理,拟订一份固体废物浸出毒性实验的详细实验方案。实验方案包括:确定监测项目、采样方法、采样器材、采样时间和频率,布设采样点,确定样品运输和保存方法、样品前处理方法、样品测定方法等,并且要制订详细的实验步骤和质量控制措施,设计出实验数据表格。实验报告中还应包括被测样品的名称、来源、采集时间、样品粒度级配情况、实验过程的异常情况等,并对实验方案的每一步聚进行监督性自我评价,分析讨论实验过程中的问题和取得的收获。

实验四　金鱼毒性试验

1)实验目的

①了解环境监测中生物测试的方法及原理;
②综合运用所学知识完成金鱼毒性试验;
③掌握金鱼毒性试验的原理、方法及应用。

2)实验设计内容

①选取某种不同浓度的有毒废水(或实验室配制有毒废水)作为研究对象;
②通过查阅资料,明确鱼类毒性试验的方法步骤;
③选择试验用鱼,并进行驯养;
④配制不同浓度的有毒废水;
⑤试验条件的选择:温度、溶解氧、pH、硬度等。
⑥预备试验(探索性试验);
⑦正式试验;
⑧数据记录、处理与结果评价;
⑨编写实验报告。

3)实验设计要求

学生实验前必须根据实验目的和实验内容,查阅相关文献资料和标准规范,掌握鱼类毒性试验的实验原理和方法,并拟订一份金鱼毒性试验的详细实验方案。实验方案包括:试验用鱼的驯养、试验条件的选择、预备试验、试验溶液浓度设计及配制、正式试验等,此外,还要制订详细的实验步骤和质量控制措施,设计出实验数据表格。实验报告应进行结果评价,即毒性判定,并对实验方案的每一步骤进行监督性自我评价,分析讨论实验过程中的问题和收获。

实验五　头发中含汞量的测定

1）实验目的

①综合运用所学知识完成头发中含汞量的测定；
②掌握冷原子吸收光谱法测定汞的原理及方法；
③了解样品的预处理方法。

2）实验设计内容

①选取班级同学的头发作为研究对象；
②采集发样；
③发样的预处理；
④配制汞标准使用液；
⑤冷原子吸收测汞仪测定标准溶液和样品溶液；
⑥实验数据记录与整理；
⑦编写实验报告。

3）实验设计要求

学生实验前必须根据实验目的和实验内容，查阅相关的文献资料和标准法规，掌握冷原子吸收光谱法测定汞的原理和方法，拟订一份头发中含汞量测定的详细实验方案。实验方案包括：确定监测项目、采样方法、样品前处理方法、样品测定方法等，并且要制订详细的实验步骤和质量控制措施，设计出实验数据表格。实验完成后，应对实验数据进行记录与整理，编写实验报告。该方法灵敏度很高，实验报告中应指出实验过程中的注意事项。根据实验结果最后按照统计规律求出班级同学头发中汞的平均含量、最高含量和最低含量。此外，应对实验方案的每一步骤进行监督性自我评价，分析讨论实验过程中遇到的问题和取得的收获。

实验六　交通噪声监测

1）实验目的

①综合运用所学知识完成校园周边某条交通干线噪声的监测；
②掌握噪声测量仪的使用方法和交通噪声的监测技术；
③了解《声环境质量标准》的相关内容，并对监测结果进行评价。

2）实验设计内容

①选取校园周边某条交通干线作为研究对象；

②实地考察,收集资料;

③选择合适的测点;

④确定测量仪器和方法;

⑤测定昼、夜两个时段的等效声级和对应的交通流量;

⑥测量记录;

⑦实验数据处理与结果评价;

⑧编写实验报告。

3)实验设计要求

学生实验前必须根据实验目的和实验内容,查阅相关的文献资料和标准法规,掌握交通噪声污染监测的方法,拟订一份交通干线噪声监测的详细实验方案。实验方案包括:确定监测项目、选择监测点位、选取测量时间、噪声测量记录等。其中,噪声测量记录包括:日期、时间、地点、测量人员、使用仪器型号、编号及校准记录、测量时间内的气象条件、测量项目及测量结果、测量依据标准、测点示意图、噪声源及运行工况说明(如交通流量等),以及其他情况说明等。根据实验方案制订详细的实验步骤和质量控制措施,设计出实验数据表格。实验完成后,应对实验数据进行记录与整理,编写实验报告。实验方案的每一步骤应进行监督性自我评价,分析讨论实验过程中遇到的问题和取得的收获。

7

环境监测综合性实验

环境监测综合性实验一般情况下在校内进行,因遇有实际监测任务时,可以到校外进行。综合性实验可采用课程设计的运作模式,即实验前两周提前下达实验任务书,使学生了解实验目的和研究对象。学生根据任务书上拟订的实验目的和研究对象,通过查阅资料和对监测范围周边的调查,由全班统一制订"环境监测方案"。监测方案中必须包括统一的环境监测质量控制程序。根据监测任务,由全班同学推荐选举 1~2 名质量控制员,并负责整个监测工作的质量控制和任务协调。监测方案拟订好后,根据监测任务进行分组并落实任务,实验全过程(包括监测计划的拟订)由学生按小组相互协助共同完成。学生在拟订监测计划的同时,向实验室提交完成本实验需要的仪器、设备和药品清单,并领取相应的物品。学生可根据实验室仪器设备状况选择快速分析方法或国家标准分析方法等。实验完成后,监测数据全班共享,并以小组为单位编制监测报告,但每个同学必须注明独立完成的工作内容以及创新性贡献。

在综合性实验过程中,指导教师指导学生从研究方案的可行性、设计思想、实验方法、实验手段等方面进行讨论,确定具有可操作性的实验方案;审核学生的监测计划和实验的仪器、设备和药品清单;和学生一起讨论实验过程中出现的疑难问题,指导学生从理论角度思考实验中出现的问题,训练学生综合分析问题、解决问题的能力;指导学生按照要求编写环境监测报告。实验教师按照学生提交的仪器、设备和药品清单提供相应的仪器、设备、药品,并和学生一起讨论实验过程中出现的疑难问题。

实验一 校园生活污水水质监测与污水处理方案的选择

1) 实验目的

①通过监测校园生活污水排放口水质并根据监测结果选择合适的污水处理方案,巩固加深对环境监测、污水处理等环境工程骨干课程基本概念、原理、规律等的理解;

②掌握对实际废水的水质监测方法,以及根据不同的水质污染状况选择合适的水处理方案的方法;

③训练并提高学生查阅文献资料、运用相关标准与规范和计算机等方面的能力,培养学生综合分析问题与解决实际问题的能力。

④训练学生科学处理监测数据的能力,培养实事求是的科学态度和工作作风以及团队合作精神。

2)实验内容

(1)现场调查,收集资料

①调查校园内人口密度、师生生活习惯、用水规律、污水排放情况以及污水处理情况等;

②查阅城市生活污水处理工艺的相关内容;

③收集我国现行的《城镇污水处理厂污染物排放标准》及与监测项目相对应的现行环境监测技术规范、监测方法标准等。

(2)拟订实验步骤

①确定监测项目:根据我国现行的《城镇污水处理厂污染物排放标准》(GB 18918—2002)可知,基本控制项目包括 COD_{cr}、BOD_5、SS、NH_3-N、pH、TP、TN、石油类、动植物油、阴离子表面活性剂、色度、粪大肠杆菌数。再根据优先监测原则、学校校园生活污水的主要污染特征、实验室仪器设备条件等确定校园生活污水排放口水质的监测项目。

②确定监测点:根据实验目的和要求,需考察出水水质,因此,应根据污水管道的安装、分布、走向等设置监测点。

③确定采样时间和采样频率:根据校园污水的排放规律,并综合监测目的、要求和实际条件,确定合理的采样时间和采样频率。

④确定采样方法和采样仪器:根据环境监测技术规范确定采样方法。在确定采样方法和采样仪器时,应充分考虑实验室仪器设备状况。

⑤确定前处理方法:根据不同的监测指标,确定相应的样品前处理方法。

⑥分析方法:优先选用国家标准分析方法。

⑦质量控制系统及检查方法:根据国家标准分析方法等相关资料确定所选监测项目的质量控制系统及相应的检查方法。

(3)仪器、设备的准备和药品配制

①根据监测任务准备监测需要的仪器设备,并作相应的校验和清洁工作。

②根据监测任务分组配制药品。

③药品配制齐备后,绘制工作曲线,检查工作曲线的质量。

(4)现场采样和样品测定

根据监测方案进行样品采集和实验室分析。能现场测定的项目尽可能的现场测定,不能现场测定的项目,需对样品进行保存后运回实验室进行分析测试。对于分析测定前需进行前处理的指标,应选择合适的前处理方法对样品进行处理。

（5）数据处理,完成监测报告

3) 实验要求

学生分组独立完成校园生活污水排放口水质监测,并根据所得的水质监测结果选择适宜的污水处理工艺,提交"校园生活污水排放口水质检测与污水处理方案的选择"实验报告。

校园生活污水综合性实验的全过程由学生独立完成,实验指导教师负责提供学生需要的仪器、设备、药品,和学生一起讨论实验方案的设计和实验过程中出现的疑难问题。具体要求如下:

①实验方案中至少包括污水中 COD_{cr},BOD_5,SS,NH_3-N,pH,TP,TN 等指标的测定。

②根据已确定的监测方案,从准备试剂、采集样品到分析测定全过程,由实验小组分工合作,每小组独立完成本组的任务,每个同学须轮流参与完成从药品配置、采样、实验室分析、数据处理等所有实验环节。

③在药品配制、样品采集、测试过程中要有严谨的科学态度,不得任意涂改实验数据;必须严格按分析要求、分析步骤进行全过程质量控制监测,如有异常情况,应及时报告,不能弄虚作假。

④必须在规定的时间、监测点采集样品;采样时记录采样点、采样时间、当时的温度。

⑤熟练并正确掌握采样器、pH 计、分光光度计、分析天平等仪器的使用,以及不同监测指标相应的前处理方法。

⑥要爱护仪器,严格遵守实验室规章制度。

⑦提交的实验成果和附件资料必须符合学校规定的规范化要求。

4) 时间安排

①试验仪器设备的准备、药品的配制等:1 d。

②实际水体监测:3 d。

③实验室的清洁、报告书编写:1 d。

5) 参考资料

①《水和废水监测分析》第四版,国家环境保护总局《水和废水监测分析方法》编委会编,中国环境科学出版社,2004 年。

②《城镇污水处理厂污染物排放标准》(GB 18918—2002)。

③《给排水设计手册》(第五册)城市排水。

④《环境监测》第四版,奚旦立,等主编,高教出版社,2010 年。

⑤中华人民共和国环境保护部,环境标准,http://bz. mep. gov. cn/。

实验二　校园生活饮用水水质监测与评价

1) 实验目的

①通过对校园生活饮用水水质的监测,了解水质调查研究的基本方法与步骤,同时积累基础数据,为广大师生的身体健康保障提供参考。

②通过了解从水源到管网末梢水质的变化情况,培养分析思考问题的能力,提高同学们的节水和环保意识。

③训练并提高学生查阅文献资料、运用相关标准与规范和计算机方面的能力,培养学生综合分析问题与解决实际问题的能力。

④训练学生科学处理监测数据的能力,培养实事求是的科学态度和工作作风以及团队合作精神。

2) 实验内容

(1)背景调研,收集资料

①调查为学校供水的自来水水厂的位置、供水情况等。

②了解自来水厂的取水点、基本处理工艺等。

③了解当地饮用水水质的状况。

④收集我们国家与饮用水相关的最新标准、法规,以及与监测项目对应的现行环境监测技术规范、监测方法标准等。

(2)拟订实验步骤

①确定监测项目:以校园自来水及其水源水为监测对象,按照《生活饮用水卫生标准》(GB 5749—2006)、《城市供水水质标准》(CJ/T 206—2005)、《生活饮用水水源水质标准》(CJ 3020—1993)中要求的常规项目和实验室条件确定监测项目。

②确定采样点:根据实验目的和要求,采样点的设置要具有代表性,根据水源水、自来水厂出水、用户水龙头出水以及管网末梢出水等不同监测要求,确定采样点的位置。

③确定采样时间和采样频率:根据校园用水规律,并综合监测目的、要求和实际条件,确定合理的采样时间和采样频率。

④确定采样方法和采样仪器:根据环境监测技术规范确定采样方法。在确定采样方法和采样仪器时,应充分考虑实验室仪器设备的状况。

⑤确定前处理方法:根据不同的监测指标,确定相应的样品前处理方法。

⑥分析方法:优先选用国家标准分析方法。

⑦质量控制系统及检查方法:根据国家标准分析方法等相关资料确定所选监测项目的质量控制系统及相应的检查方法。

(3)仪器、设备的准备和药品配制

①根据监测任务准备监测需要的仪器设备,并作相应的校验和清洁工作。

②根据监测任务分组配制药品。

③药品配制齐备后,绘制工作曲线,检查工作曲线的质量。

（4）现场采样和样品测定

根据监测方案进行样品采集和实验室分析。能现场测定的项目尽量现场测定,不能现场测定的项目需对样品进行保存后运回实验室进行分析测试。对于分析测定前需进行前处理的指标应选择合适的前处理方法对样品进行处理。

（5）数据处理,完成监测报告

3）实验要求

学生分组独立完成校园生活饮用水水质的监测,并根据所得的水质监测结果,讨论分析不同采样点水质差异的原因,通过查阅资料提出较为合理的解释并提出可行的应对措施,最后提交校园生活饮用水水质情况报告。

校园生活饮用水水质监测实验的全过程由学生独立完成,实验指导教师负责提供学生需要的仪器、设备、药品,与学生一起讨论实验方案的设计和实验过程中出现的疑难问题。具体要求如下:

①实验方案中可选择的主要监测项目有:pH、色度、浑浊度、嗅和味、肉眼可见物、总硬度、铝、耗氧量、游离氯、二氧化氯以及总大肠菌群等,学生应根据相关标准和实验室设备情况选择相应的监测项目。

②根据已确定的监测方案,从准备试剂、采集样品到分析测定全过程,由实验小组分工合作,每小组独立完成本组的任务,每个同学须轮流参与完成从药品配置、采样、实验室分析、数据处理等所有实验环节。

③在药品配制、样品采集、测试过程中要有严谨的科学态度,不得任意涂改实验数据;必须严格按分析要求、分析步骤进行全过程质量控制监测,如有异常情况,应及时报告,不能弄虚作假。

④必须在规定的时间、监测点采集样品;采样时记录采样点、采样时间、当时的温度。

⑤熟练并正确掌握采样器、pH计、分光光度计、分析天平、光学显微镜等仪器的使用,以及不同监测指标相应的前处理方法。

⑥要爱护仪器,严格遵守实验室规章制度。

⑦提交的实验成果和附件资料必须符合学校规定的规范化要求。

4）时间安排

①试验仪器设备的准备、药品的配制等:1 d。

②实际采样监测:3 d。

③实验室的清洁、报告书编写:1 d。

5）参考资料

①《水和废水监测分析》第四版,国家环境保护总局《水和废水监测分析方法》编委会编,中国环境科学出版社,2004年。

②《生活饮用水卫生标准》(GB 5749—2006)。

③《城市供水水质标准》(CJ/T 206—2005)。

④《生活饮用水水源水质标准》(CJ 3020—1993)。

⑤《生活饮用水标准检验方法》(GB/T 5750—2006)。

⑥《环境监测》第四版,奚旦立,等主编,高教出版社,2010年。

⑦中华人民共和国环境保护部,环境标准,http://bz.mep.gov.cn/。

实验三 校园湖泊水质监测与评价

1)实验目的

①在已学习并掌握的单项实验基础上,通过对校园湖泊水质进行监测,了解地表水质监测的全过程,加深对环境监测课程体系基本内容的理解。

②进一步熟悉水质监测中的各项实验操作技术,掌握地表水各项指标与污染物的测定方法。

③应用环境质量标准评价校园湖泊水环境质量,了解校园湖泊水体污染情况,分析污染来源,并提出校园湖泊水污染防治措施,提高学生专业基础知识的综合应用能力。

④训练并提高学生查阅文献资料、运用相关标准与规范和计算机方面的能力,培养学生综合分析问题与解决实际问题的能力。

⑤训练学生科学处理监测数据的能力,培养实事求是的科学态度和工作作风以及团队合作精神。

2)实验内容

(1)现场调查,收集资料

①调查校园湖泊水体的有关资料,了解校园湖泊水体的主要污染源类型及特点。

②收集我国现行的《地表水环境质量标准》以及与监测项目相对应的现行环境监测技术规范、监测方法标准等。

(2)拟订实验步骤

①确定监测项目:以校园湖泊为监测对象,按照《地表水环境质量标准》(GB 3838—2002)中要求的基本监测项目,以及监测校园湖泊水体污染源的特征和水体功能的划分确定主要的监测项目有:水温、pH、溶解氧、化学需氧量、五日生化需氧量、氨氮、总磷、总氮、氟化物、镉、铬、铅、挥发酚、石油类、粪大肠菌群等。再具体结合实验室仪器设备条件等确定校园湖泊水质的监测项目。

②确定采样点:根据校园湖泊水环境的实际情况,在对污染物时空分布和变化规律进行了解、优化的基础上,考虑以最少的断面、垂线和测点取得代表性最好的监测数据,同时还需考虑实际采样时的可行性和方便性。

③确定采样时间和采样频率:根据校园湖泊地表水的基本特征,并综合监测目的、要求和

实际条件,确定合理的采样时间和采样频率。

④确定采样方法和采样仪器:根据环境监测技术规范确定采样方法。在确定采样方法和采样仪器时,应充分考虑实验室仪器设备的状况。

⑤确定前处理方法:根据不同的监测指标,确定相应的样品前处理方法。

⑥分析方法:优先选用国家标准分析方法。

⑦质量控制系统及检查方法:根据国家标准分析方法等相关资料确定所选监测项目的质量控制系统及相应的检查方法。

(3)仪器、设备的准备和药品配制

①根据监测任务准备监测需要的仪器设备,并作相应的校验和清洁工作。

②根据监测任务分组配制药品。

③药品配制齐备后,绘制工作曲线,检查工作曲线的质量。

(4)现场采样和样品测定

根据监测方案进行样品采集和实验室分析。能现场测定的项目尽量现场测定,不能现场测定的项目需对样品进行保存后运回实验室进行分析测试。对于分析测定前需进行前处理的指标应选择合适的前处理方法对样品进行处理。

(5)数据处理,完成监测报告

3)实验要求

学生分组独立完成校园湖泊地表水水质监测,并根据所得的水质监测结果提出合理的校园湖泊地表水水质改善方案,提交"校园湖泊地表水水质监测与水质改善方案"的实验报告。

实验的全过程由学生独立完成,实验指导教师负责提供学生需要的仪器、设备、药品,与学生一起讨论实验方案的设计和实验过程中出现的疑难问题。具体要求如下:

①实验方案中至少包括水温、pH、溶解氧、化学需氧量、五日生化需氧量、氨氮、总磷、总氮、挥发酚、石油类、粪大肠菌群等指标的测定。

②根据已确定的监测方案,从准备试剂、采集样品到分析测定全过程,由实验小组分工合作,每小组独立完成本组的任务,每个同学须轮流参与完成从药品配置、采样、实验室分析、数据处理等所有实验环节。

③在药品配制、样品采集、测试过程中要有严谨的科学态度,不得任意涂改实验数据;必须严格按分析要求、分析步骤进行全过程质量控制监测,如有异常情况,应及时报告,不能弄虚作假。

④必须在规定的时间、监测点采集样品;采样时记录采样点、采样时间、当时的温度。

⑤熟练并正确掌握采样器、pH 计、分光光度计、分析天平、光学显微镜等仪器的使用,以及不同监测指标相应的前处理方法。

⑥要爱护仪器,严格遵守实验室规章制度。

⑦提交的实验成果和附件资料必须符合学校规定的规范化要求。

4)时间安排

①试验仪器设备的准备、药品的配制等:1 d。

②实际水体监测:3 d。

③实验室的清洁、报告书编写:1 d。

5)参考资料

①《水和废水监测分析》第四版,国家环境保护总局《水和废水监测分析方法》编委会编,中国环境科学出版社,2004 年。

②《地表水环境质量标准》(GB 3838—2002)。

③《环境监测》第四版,奚旦立,等主编,高教出版社,2010 年。

④中华人民共和国环境保护部,环境标准,http://bz.mep.gov.cn/。

实验四　校园游泳池水质监测与评价

1)实验目的

①通过对校园游泳池水质的监测,了解调查游泳池水质的基本方法与步骤,了解游泳池水质标准及卫生标准。

②通过监测结果给出相应的游泳池水质评价结论,并根据水质评价结果为校园游泳池提供合理的水质管理方案,为广大学生和教职工的身体健康保障提供参考。

③训练并提高学生查阅文献资料、运用相关标准与规范和计算机方面的能力,培养学生综合分析问题与解决实际问题的能力。

④训练学生科学处理监测数据的能力,培养实事求是的科学态度和工作作风以及团队合作精神。

2)实验内容

(1)现场调查,收集资料

①调查校园游泳池的开放时间、高峰人流量、平均人流量、游泳池水的消毒方法、更换周期等。

②收集我国现行的《游泳池水质标准》(CJ 244—2007)、《游泳场所卫生标准》(GB 9667—1996)以及与监测项目相对应的现行环境监测技术规范、监测方法标准等。

(2)拟订实验步骤

①确定监测项目:以学校游泳池水为监测对象,按照《游泳池水质标准》(CJ 244—2007)中要求的基本监测项目:浑浊度、pH 值、尿素、总大肠菌群、游离性余氯、臭氧、水温等指标,根据优先监测原则、学校校园游泳池水的主要污染特征、实验室仪器设备条件等确定校园游泳池水质的监测项目。

②确定采样点、采样时间和采样频率:按照《游泳、跳水、水球和花样游泳场馆使用要求和检验方法》(TY/T 1003—2005)规定的水质检测取样方法,综合监测目的、要求和实际条件,确定采样点、采样时间和采样频率。其中浊度、pH 值、游离性余氯等指标应进行现场测定。监测

点水样应取自距池岸 1 m,水面下 0.3~0.5 m 处,采样点 50 m 比赛游泳池至少 6 个,25 m 训练池至少 4 个。采样点具体分布见相关标准。

③确定采样方法和采样仪器:根据环境监测技术规范确定采样方法。在确定采样方法和采样仪器时,应充分考虑实验室仪器设备的状况。

④确定前处理方法:根据不同的监测指标,确定相应的样品前处理方法。

⑤分析方法:优先选用国家标准分析方法。

⑥质量控制系统及检查方法:根据国家标准分析方法等相关资料确定所选监测项目的质量控制系统及相应的检查方法。

(3)仪器、设备的准备和药品配制

①根据监测任务准备监测需要的仪器设备,并作相应的校验和清洁工作。

②根据监测任务分组配制药品。

③药品配制齐备后,绘制工作曲线,检查工作曲线的质量。

(4)现场采样和样品测定

根据监测方案进行样品采集和实验室分析。能现场测定的项目尽量现场测定,不能现场测定的项目需对样品进行保存后运回实验室进行分析测试。对于分析测定前需进行前处理的指标应选择合适的前处理方法对样品进行处理。

(5)数据处理,完成监测报告

3)实验要求

学生分组独立完成校园游泳池水质监测,并将监测结果与相关标准进行比较对校园游泳池水质进行评价,根据评价结果提出合理的游泳池水质卫生管理方案,提交"校园游泳池水质监测及管理意见"实验报告。

实验的全过程由学生独立完成,实验指导教师负责提供学生需要的仪器、设备、药品,与学生一起讨论实验方案的设计和实验过程中出现的疑难问题。具体要求如下:

①实验方案中应至少包括游泳池水的水温、pH、浊度、尿素、总大肠菌群等指标的测定。

②根据已确定的监测方案,从准备试剂、采集样品到分析测定全过程,由实验小组分工合作,每小组独立完成本组的任务,每个同学须轮流参与完成从药品配置、采样、实验室分析、数据处理等所有实验环节。

③在药品配制、样品采集、测试过程中要有严谨的科学态度,不得任意涂改实验数据;必须严格按分析要求、分析步骤进行全过程质量控制监测,如有异常情况,应及时报告,不能弄虚作假。

④必须在规定的时间、监测点采集样品;采样时记录采样点、采样时间、当时的温度。

⑤熟练并正确掌握采样器、pH 计、分光光度计、分析天平、光学显微镜等仪器的使用,以及不同监测指标相应的前处理方法。

⑥要爱护仪器,严格遵守实验室规章制度。

⑦提交的实验成果和附件资料必须符合学校规定的规范化要求。

4)时间安排

①试验仪器设备的准备、药品的配制等:1 d。

②实际水体监测:3 d。

③实验室的清洁、报告书编写:1 d。

5)参考资料

①《水和废水监测分析》第四版,国家环境保护总局《水和废水监测分析方法》编委会编,中国环境科学出版社,2004 年。

②《游泳池水质标准》(CJ 244—2007)。

③《游泳场所卫生标准》(GB 9667—1996)。

④《游泳、跳水、水球和花样游泳场馆使用要求和检验方法》(TY/T 1003—2005)。

⑤《环境监测》第四版,奚旦立,等主编,高教出版社,2010 年。

⑥中华人民共和国环境保护部,环境标准,http://bz.mep.gov.cn/。

实验五 校园空气环境质量现状监测与评价

1)实验目的

①在已学习并掌握的单项实验基础上,通过对校园空气环境质量现状监测,了解区域环境空气质量监测的全过程,加深对环境监测课程体系基本内容的理解。

②掌握大气环境监测中各种监测仪器和分析仪器的使用,掌握环境空气中各种指标与污染物的具体采样方法、分析测定方法及数据处理方法等,学会应用环境空气质量标准评价空气环境质量。

③训练并提高学生查阅文献资料、运用相关标准与规范和计算机方面的能力,培养学生综合分析问题与解决实际问题的能力。

④训练学生科学处理监测数据的能力,培养实事求是的科学态度和工作作风以及团队合作精神。

2)实验内容

(1)现场调查、资料收集

①调查监测校园区域内污染源的分布、排放规律、排放的污染物、气象条件、地形地貌、人口密度等。

②收集我国现行的《环境空气质量标准》以及与监测项目相对应的现行环境监测技术规范、监测方法标准等。

(2)拟订实验方案

①确定监测项目:根据我国现行的《环境空气质量标准》(GB 3095—2012)可知,目前,我国的环境空气污染物基本项目有 SO_2,PM_{10},$PM_{2.5}$,NO_2,CO 和 O_3,其他项目有 TSP,Pb,BaP 和氮氧化物(NO_x)。再根据优先监测原则、学校空气环境现状以及污染源的主要污染特征、实验室仪器设备条件等确定监测项目。

②布设监测网点:根据现场调查和污染物的空间分布特性,按照空气污染监测布点的基本原则确定合适的布点方法,布设采样点。

③确定采样时间、采样频率:根据大气污染物的时间分布特征,并综合监测目的、要求和实际条件,确定合理的采样时间和采样频率。

④采样方法和采样仪器:根据环境监测技术规范确定采样方法。在确定采样方法和采样仪器时,应充分考虑实验室仪器设备状况。

⑤分析方法:优先选用国家标准分析方法。

⑥质量控制系统及检查方法:根据国家标准分析方法等相关资料确定所选监测项目的质量控制系统及相应的检查方法。

(3)仪器、设备的准备和药品配制

①根据监测任务准备监测需要的仪器设备,并作相应的校验和清洁工作。

②根据监测任务配制药品。

③药品配制齐备后,绘制工作曲线,检查工作曲线的质量。

(4)现场采样和样品测定

根据监测方案进行样品采集和实验室分析。现场测定的项目尽量现场测定,不能现场测定的项目需对样品进行保存后运回实验室进行分析测试。

(5)数据处理,完成监测报告

3) 实验要求

完成校园内环境空气质量现状的实地监测,并根据监测结果对校园环境空气质量现状进行评价,提交"校园内环境空气质量现状监测与评价报告"。

校园空气环境质量监测综合实验的全过程由学生独立完成,实验指导教师负责提供学生需要的仪器、设备、药品,与学生一起讨论实验方案的设计和实验过程中出现的疑难问题。

具体要求:

①监测方案中至少包括大气中总悬浮颗粒物(TSP)或 PM_{10} 的测定、大气中二氧化硫 SO_2 以及二氧化氮 NO_2 等指标的测试。

②根据已确定的监测方案,从准备试剂、采集样品到分析测定全过程,由实验小组分工合作,每小组独立完成本组的任务,每个同学须轮流参与完成从药品配置、采样、实验室分析、数据处理等所有实验环节。

③在药品配制、样品采集、测试过程中要有严谨的科学态度,不得任意涂改实验数据;必须严格按分析要求、分析步骤进行全过程质量控制监测,如有异常情况,应及时报告,不能弄虚作假。

④必须在规定的时间、地点内采集样品;采样时记录采样地点、采样时间、当时的天气情况如阴、雨、多云、温度、风向、风速、气压等。

⑤熟练并正确掌握大气采样器、分光光度计、分析天平等仪器的使用。

⑥要爱护仪器,严格遵守实验室规章制度。

⑦监测报告内容应包括:监测目的、监测区域地图、区域概况、监测方法、数据处理、结果讨论、测定结果汇总、监测区域空气质量评价、建议等内容,提交的实验成果和附件资料必须符合

学校规定的规范化要求。

4)时间安排

①试验仪器设备的准备、药品的配制等:1 d。

②实地检测:3 d。

③实验室的清洁、报告书编写:1 d。

5)参考资料

①《环境监测》第四版,奚旦立,等主编,高教出版社,2010 年。

②《环境空气质量手工监测技术规范》(HJ/T 194—2005)。

③《环境空气质量标准》(GB 3095—2012)。

④环境空气 SO_2 的测定 甲醛吸收-副玫瑰苯胺分光光度法(HJ 482—2009)。

⑤环境空气 氮氧化物(一氧化氮和二氧化氮)的测定 盐酸萘乙二胺分光光度法(HJ 479—2009)。

⑥大气中总悬浮颗粒 TSP 的测定:重量法(GB/T 15423—1995)。

⑦环境空气 PM_{10} 和 $PM_{2.5}$ 的测定 重量法(HJ 618—2011)。

⑧中国大气网 http://www.chndaqi.com/。

⑨中华人民共和国环境保护部 环境标准 http://bz.mep.gov.cn/。

实验六 室内空气质量监测与评价

1)实验目的

①通过对室内空气质量的监测与评价,掌握实际室内空气质量监测的基本过程和方法。

②掌握室内空气质量监测的布点方法和监测仪器的使用方法;学会应用室内空气质量标准评价室内空气质量。

③训练并提高学生查阅文献资料、运用相关标准与规范和计算机方面的能力,培养学生综合分析问题与解决实际问题的能力。

④训练学生科学处理监测数据的能力,培养实事求是的科学态度和工作作风以及团队合作精神。

2)实验内容

(1)现场调查,资料收集

①选取校园内某一家庭住宅或教室室内空气作为研究对象,实地考察,收集资料。

②收集我国现行的《室内空气质量标准》《民用建筑工程室内环境污染控制规范》以及与监测项目相对应的现行环境监测技术规范、监测方法标准等。

（2）拟订监测方案

①确定监测项目：根据《室内空气质量标准》（GB/T 18883—2002）、《民用建筑工程室内环境污染控制规范》（GB 50325—2010）、《室内环境空气质量监测技术规范》（HJ/T 167—2004）等相关国家标准和规范确定几个重要监测项目，监测项目应尽量包括室内常见空气污染物甲醛、苯、氡气、VOC 等，根据选择的监测项目确定相应的分析方法。

②采样点的布设：根据监测室内面积大小以及现场情况确定采样点的数量，并按照标准规范的要求以及监测项目的要求确定采样点的位置。

③确定采样时间、采样频率：根据室内空气污染物的时间分布特征，并综合监测目的、要求和实际条件，确定合理的采样时间和采样频率。

④采样方法和采样仪器：根据环境监测技术规范确定采样方法。在确定采样方法和采样仪器时，应充分考虑实验室仪器设备状况。

⑤分析方法：优先选用国家标准分析方法。

⑥质量控制系统及检查方法：根据相关资料确定所选监测项目的质量控制系统及相应的检查方法。

（3）实验器材、药剂、仪器和设备的准备

根据监测任务准备监测时需要的实验器材、仪器和设备，并作相应的校验和清洁工作。如果监测时需要用到药品的要事先进行配备。

（4）现场采样和样品测定

根据监测方案进行样品采集和实验室分析。不能现场测定的项目需对样品进行保存后运回实验室进行分析测试。对于分析测定前需进行前处理的指标应选择合适的前处理方法对样品进行处理。

（5）数据处理，完成监测报告

3）实验要求

学生实验前必须根据实验目的和实验内容掌握原理，提出实验方案，制订详细的实验步骤，设计出实验数据表格。实验后根据监测数据编写监测对象的室内空气质量现状监测报告；根据国家室内空气质量标准对监测结果进行评价；根据评价结果提出相应的改善室内空气质量的措施和建议。

室内空气环境质量监测综合性实验的全过程由学生独立完成，实验指导教师负责提供学生需要的仪器、设备、药品，与学生一起讨论实验方案的设计和实验过程中出现的疑难问题。具体要求如下：

①实验方案中监测项目至少包括室内常见空气污染物如甲醛、苯、氡气等指标的测定。

②根据已确定的监测方案，从准备试剂、采集样品到分析测定全过程，由实验小组分工合作，每小组独立完成本组的任务，每个同学须轮流参与完成从药品配置、采样、实验室分析、数据处理等所有实验环节。

③在药品配制、样品采集、测试过程中要有严谨的科学态度，不得任意涂改实验数据；必须严格按分析要求、分析步骤进行全过程质量控制监测，如有异常情况，应及时报告，不能弄虚作假。

④必须在规定的时间、地点内采集样品;采样时记录采样地点、采样时间、当时的室内空气状况如温度、湿度、风向、风速等。

⑤熟练并正确掌握空气采样器、分光光度计以及一些便携式空气质量监测仪器的使用。

⑥要爱护仪器,严格遵守实验室规章制度。

⑦提交的实验成果和附件资料必须符合学校规定的规范化要求。

4)时间安排

①试验仪器设备的准备、药品的配制、现场考察等:1 d。

②实地检测:3 d。

③实验室的清洁、报告书编写:1 d。

5)参考资料

①《室内空气质量标准》(GB/T 18883—2002)。

②《民用建筑工程室内环境污染控制规范》(GB 50325—2010)。

③《室内环境空气质量监测技术规范》(HJ/T 167—2004)。

④奚旦立,等.环境监测[M].4 版.北京:高等教育出版社,2010.

附　录

附录1　实验室常用酸碱的相对密度、质量分数和物质的量浓度

名　称	相对密度 /(g·mL^{-1})	质量分数 /%	物质的量浓度 /(mol·L^{-1})
盐酸	1.18 ~ 1.19	36 ~ 38	11.1 ~ 12.4
硝酸	1.39 ~ 1.40	65 ~ 68	14.4 ~ 15.2
硫酸	1.83 ~ 1.84	95 ~ 98	17.8 ~ 18.4
磷酸	1.69	85	14.6
高氯酸	1.68	70 ~ 72	11.7 ~ 12.0
冰醋酸	1.05	99	17.4
氢氟酸	1.13	40	22.5
氢溴酸	1.49	47	8.6
氨水	0.88 ~ 0.90	25 ~ 28	13.3 ~ 14.8

附录 2　实验室常用基准物质的干燥温度和干燥时间

名　称	化学式	干燥方法
无水碳酸钠	Na_2CO_3	$270 \sim 300$ ℃灼烧 1 h
硼砂	$Na_2B_4O_7 \cdot 10H_2O$	室温保存在装有氯化钠和蔗糖饱和溶液的干燥器内
草酸	$H_2C_2O_4 \cdot 2H_2O$	室温下空气干燥
邻苯二甲酸氢钾	$KHC_8H_4O_4$	$110 \sim 120$ ℃烘干至恒重
锌	Zn	室温下保存在干燥器中
氧化锌	ZnO	$900 \sim 1\,000$ ℃灼烧 1 h
氯化钠	$NaCl$	$400 \sim 450$ ℃灼烧至无爆裂声
硝酸银	$AgNO_3$	$220 \sim 250$ ℃灼烧 1 h
碳酸钙	$CaCO_3$	110 ℃烘值恒重
草酸钠	$Na_2C_2O_4$	$105 \sim 110$ ℃烘至恒重
重铬酸钾	$K_2Cr_2O_7$	$140 \sim 150$ ℃烘至恒重
溴酸钾	$KBrO_3$	130 ℃烘至恒重
碘酸钾	KIO_3	130 ℃烘至恒重
三氧化二砷	As_2O_3	室温下空气干燥

附录 3　常见化合物的相对分子质量

名　称	分子量	名　称	分子量
Ag_3AsO_4	462.52	$CaCO_3$	100.09
$AgBr$	187.77	CaC_2O_4	128.10
$AgCl$	143.32	$CaCl_2$	110.99
$AgCN$	133.89	$CaCl_2 \cdot 6H_2O$	219.08
$AgSCN$	165.95	$Ca(NO_3)_2 \cdot 4H_2O$	236.15
Ag_2CrO_4	331.73	$Ca(OH)_2$	74.09
AgI	234.77	$Ca_3(PO_4)_2$	310.18
$AgNO_3$	169.87	$CaSO_4$	136.14

名　称	分子量	名　称	分子量
$AlCl_3$	133.34	$CdCO_3$	172.42
$AlCl_3 \cdot 6H_2O$	241.43	$CdCl_2$	183.32
$Al(NO_3)_3$	213.00	CdS	144.47
$Al(NO_3)_3 \cdot 9H_2O$	375.13	$Ce(SO_4)_2$	332.24
Al_2O_3	101.96	$Ce(SO_4)_2 \cdot 4H_2O$	404.30
$Al(OH)_3$	78.00	$CoCl_2$	129.84
$Al_2(SO_4)_3$	342.14	$CoCl_2 \cdot 6H_2O$	237.93
$Al_2(SO_4)_3 \cdot 18H_2O$	666.41	$Co(NO_3)_2$	132.94
As_2O_3	197.84	$Co(NO_3)_2 \cdot 6H_2O$	291.03
As_2O_5	229.84	CoS	90.99
As_2S_3	246.02	$CoSO_4$	154.99
$BaCO_3$	197.34	$CoSO_4 \cdot 7H_2O$	281.10
BaC_2O_4	225.35	$Co(NH_2)_2$	60.06
$BaCl_2$	208.24	$CrCl_3$	158.35
$BaCl_2 \cdot 2H_2O$	244.27	$CrCl_3 \cdot 6H_2O$	266.45
$BaCrO_4$	253.32	$Cr(NO_3)_3$	238.01
BaO	153.33	Cr_2O_3	151.99
$Ba(OH)_2$	171.34	$CuCl$	98.999
$BaSO_4$	233.39	$CuCl_2$	134.45
$BiCl_3$	315.34	$CuCl_2 \cdot 2H_2O$	170.48
$BiOCl$	260.43	$CuSCN$	121.62
CO_2	44.01	CuI	190.45
CaO	56.08	$Cu(NO_3)_2$	187.56
$Cu(NO_3)_2 \cdot 3H_2O$	241.60	HF	20.116
CuO	79.545	HI	127.91
Cu_2O	143.09	HIO_3	175.91
CuS	95.61	HNO_3	63.013
$CuSO_4$	159.60	HNO_2	47.013
$CuSO_4 \cdot 5H_2O$	249.68	H_2O	18.015
$FeCl_2$	126.75	H_2O_2	34.015

续表

名　称	分子量	名　称	分子量
$FeCl_2 \cdot 4H_2O$	198.81	H_3PO_4	97.995
$FeCl_3$	162.21	H_2S	34.08
$FeCl_3 \cdot 6H_2O$	270.30	H_2SO_3	82.07
$FeNH_4(SO_4)_2 \cdot 12H_2O$	482.18	H_2SO_4	98.07
$Fe(NO_3)_3$	241.86	$Hg(CN)_2$	252.63
$Fe(NO_3)_3 \cdot 9H_2O$	404.00	$HgCl_2$	271.50
FeO	71.846	Hg_2Cl_2	472.09
Fe_2O_3	159.69	HgI_2	452.40
Fe_3O_4	231.54	$Hg_2(NO_3)_2$	525.19
$Fe(OH)_3$	106.87	$Hg_2(NO_3)_2 \cdot 2H_2O$	561.22
FeS	87.91	$Hg(NO_3)_2$	324.60
Fe_2S_3	207.87	HgO	216.59
$FeSO_4$	151.90	HgS	232.65
$FeSO_4 \cdot 7H_2O$	278.01	$HgSO_4$	296.65
$FeSO_4 \cdot (NH_4)_2SO_4 \cdot 6H_2O$	392.13	Hg_2SO_4	497.24
H_3AsO_3	125.94	$KAl(SO_4)_2 \cdot 12H_2O$	474.38
H_3AsO_4	141.94	KBr	119.00
H_3BO_3	61.83	$KBrO_3$	167.00
HBr	80.912	KCl	74.551
HCN	27.026	$KClO_3$	122.55
$HCOOH$	46.026	$KClO_4$	138.55
CH_3COOH	60.052	KCN	65.116
H_2CO_3	62.025	$KSCN$	97.18
$H_2C_2O_4$	90.035	K_2CO_3	138.21
$H_2C_2O_4 \cdot 2H_2O$	126.07	K_2CrO_4	194.19
HCl	36.461	$K_2Cr_2O_7$	294.18
$K_3Fe(CN)_6$	329.25	$MnSO_4 \cdot 4H_2O$	223.06
$K_4Fe(CN)_6$	368.35	NO	30.006
$KFe(SO_4)_2 \cdot 12H_2O$	503.24	NO_2	46.006
$KHC_2O_4 \cdot H_2O$	146.14	NH_3	17.03

名　称	分子量	名　称	分子量
$KHC_2O_4 \cdot H_2C_2O_4 \cdot 2H_2O$	254.19	CH_3COONH_4	77.083
$KHC_4H_4O_6$	188.18	NH_4Cl	53.491
$KHSO_4$	136.16	$(NH_4)_2CO_3$	96.086
KI	166.00	$(NH_4)_2C_2O_4$	124.10
KIO_3	214.00	$(NH_4)_2C_2OC_4 \cdot H_2O$	142.11
$KIO_3 \cdot HIO_3$	389.91	NH_4SCN	76.12
$KMnO_4$	158.03	NH_4HCO_3	79.055
$KNaC_4H_4O_6 \cdot 4H_2O$	282.22	$(NH_4)_2MoO_4$	196.01
KNO_3	101.10	NH_4NO_3	80.043
KNO_2	85.104	$(NH_4)_2HPO_4$	132.06
K_2O	94.196	$(NH_4)_2S$	68.14
KOH	56.106	$(NH_4)_2SO_4$	132.13
K_2SO_4	174.25	NH_4VO_3	116.98
$MgCO_3$	84.314	Na_3AsO_3	191.89
$MgCl_2$	95.211	$Na_2B_4O_7$	201.22
$MgCl_2 \cdot 6H_2O$	203.30	$Na_2B_4O_7 \cdot 10H_2O$	381.37
MgC_2O_4	112.33	$NaBiO_3$	279.97
$Mg(NO_3)_2 \cdot 6H_2O$	256.41	$NaCN$	49.007
$MgNH_4PO_4$	137.32	$NaSCN$	81.07
MgO	40.304	Na_2CO_3	105.99
$Mg(OH)_2$	58.32	$Na_2CO_3 \cdot 10H_2O$	286.14
$Mg_2P_2O_7$	222.55	$Na_2C_2O_4$	134.00
$MgSO_4 \cdot 7H_2O$	246.47	CH_3COONa	82.034
$MnCO_3$	114.95	$CH_3COONa \cdot 3H_2O$	136.08
$MnCl_2 \cdot 4H_2O$	197.91	$NaCl$	58.443
$Mn(NO_3)_2 \cdot 6H_2O$	287.04	$NaClO$	74.442
MnO	70.937	$NaHCO_3$	84.007
MnO_2	86.937	$Na_2HPO_4 \cdot 12H_2O$	358.14
MnS	87.00	$Na_2H_2Y \cdot 2H_2O$	372.24
$MnSO_4$	151.00	$NaNO_2$	68.995

续表

名　称	分子量	名　称	分子量
$NaNO_3$	84.995	$SbCl_3$	228.11
Na_2O	61.979	$SbCl_5$	299.02
NaO_2	77.978	Sb_2O_3	291.50
$NaOH$	39.997	Sb_3S_3	339.68
Na_3PO_4	163.94	SiF_4	104.08
Na_2S	78.04	SiO_2	60.084
$Na_2S \cdot 9H_2O$	240.18	$SnCl_2$	189.62
Na_2SO_3	126.04	$SnCl_2 \cdot 2H_2O$	225.65
Na_2SO_4	142.04	$SnCl_4$	260.52
$Na_2S_2O_3$	158.10	$SnCl_4 \cdot 5H_2O$	350.596
$Na_2S_2O_3 \cdot 5H_2O$	248.14	SnO_2	150.71
$NiCl_2 \cdot 6H_2O$	237.69	SnS	150.776
NiO	74.69	$SrCO_3$	147.63
$Ni(NO_3)_2 \cdot 6H_2O$	290.79	SrC_2O_4	175.64
NiS	90.75	$SrCrO_4$	203.61
$NiSO_4 \cdot 7H_2O$	280.85	$Sr(NO_3)_2$	211.63
P_2O_5	141.94	$Sr(NO_3)_2 \cdot 4H_2O$	283.69
$PbCO_3$	267.20	$SrSO_4$	183.68
PbC_2O_4	295.22	$UO_2(CH_3COO)_2 \cdot 2H_2O$	424.15
$PbCl_2$	278.10	$ZnCO_3$	125.39
$PbCrO_4$	323.20	ZnC_2O_4	153.40
$Pb(CH_3COO)_2$	325.30	$ZnCl_2$	136.29
$Pb(CH_3COO)_2 \cdot 3H_2O$	379.30	$Zn(CH_3COO)_2$	183.47
PbI_2	461.00	$Zn(CH_3COO)_2 \cdot 2H_2O$	219.50
$Pb(NO_3)_2$	331.20	$Zn(NO_3)_2$	189.39
PbO	223.20	$Zn(NO_3)_2 \cdot 6H_2O$	297.48
PbO_2	239.20	ZnO	81.38
$Pb_3(PO_4)_2$	811.54	ZnS	97.44
PbS	239.30	$ZnSO_4$	161.44
$PbSO_4$	303.30	$ZnSO_4 \cdot 7H_2O$	287.54
SO_3	80.06	SO_2	64.06

附录 4 生活饮用水水质标准(GB 5749—2006)(摘录)

附表 4.1 水质常规指标及限值

指 标	限 值
1. 微生物指标	
总大肠菌群(MPN/100 mL 或 CFU/100 mL)	不得检出
耐热大肠菌群(MPN/100 mL 或 CFU/100 mL)	不得检出
大肠埃希氏菌(MPN/100 mL 或 CFU/100 mL)	不得检出
菌落总数($CFU \cdot mL^{-1}$)	100
2. 毒理指标	
砷/($mg \cdot L^{-1}$)	0.01
镉/($mg \cdot L^{-1}$)	0.005
铬(六价,mg/L)	0.05
铅/($mg \cdot L^{-1}$)	0.01
汞/($mg \cdot L^{-1}$)	0.001
硒/($mg \cdot L^{-1}$)	0.01
氰化物/($mg \cdot L^{-1}$)	0.05
氟化物/($mg \cdot L^{-1}$)	1.0
硝酸盐(以 N 计,mg/L)	10 地下水源限制时为 20
三氯甲烷/($mg \cdot L^{-1}$)	0.06
四氯化碳/($mg \cdot L^{-1}$)	0.002
溴酸盐(使用臭氧时,mg/L)	0.01
甲醛(使用臭氧时,mg/L)	0.9
亚氯酸盐(使用二氧化氯消毒时,mg/L)	0.7
氯酸盐(使用复合二氧化氯消毒时,mg/L)	0.7

续表

指 标	限 值
3.感官性状和一般化学指标	
色度(铂钴色度单位)	15
浑浊度(NTU-散射浊度单位)	1 水源与净水技术条件限制时为3
臭和味	无异臭、异味
肉眼可见物	无
pH(pH 单位)	不小于 6.5 且不大于 8.5
铝/$(mg \cdot L^{-1})$	0.2
铁/$(mg \cdot L^{-1})$	0.3
锰/$(mg \cdot L^{-1})$	0.1
铜/$(mg \cdot L^{-1})$	1.0
锌/$(mg \cdot L^{-1})$	1.0
氯化物/$(mg \cdot L^{-1})$	250
硫酸盐/$(mg \cdot L^{-1})$	250
溶解性总固体/$(mg \cdot L^{-1})$	1 000
总硬度(以 $CaCO_3$ 计,mg/L)	450
耗氧量(COD_{Mn}法,以 O_2 计,mg/L)	3 水源限制,原水耗氧量 >6 mg/L 时为5
挥发酚类(以苯酚计,mg/L)	0.002
阴离子合成洗涤剂/$(mg \cdot L^{-1})$	0.3
4.放射性指标[②]	指导值
总 α 放射性$(Bq \cdot L^{-1})$	0.5
总 β 放射性$(Bq \cdot L^{-1})$	1

注:①MPN 表示最可能数;CFU 表示菌落形成单位。当水样检出总大肠菌群时,应进一步检验大肠埃希氏菌或耐热大肠菌群;水样未检出总大肠菌群,不必检验大肠埃希氏菌或耐热大肠菌群。

②放射性指标超过指导值,应进行核素分析和评价,判定能否饮用。

附表 4.2 饮用水中消毒剂常规指标及要求

消毒剂名称	与水接触时间/min	出厂水中限值	出厂水中余量	管网末梢水中余量
氯气及游离氯制剂（游离氯，mg/L）	至少30	4	≥0.3	≥0.05
一氯胺（总氯，mg/L）	至少120	3	≥0.5	≥0.05
臭氧（O_3，mg/L）	至少12	0.3		0.02 如加氯，总氯≥0.05
二氧化氯（ClO_2，mg/L）	至少30	0.8	≥0.1	≥0.02

附表 4.3 水质非常规指标及限值

指 标	限 值
1. 微生物指标	
贾第鞭毛虫（个/10 L）	<1
隐孢子虫（个/10 L）	<1
2. 毒理指标	
锑/（mg·L^{-1}）	0.005
钡/（mg·L^{-1}）	0.7
铍/（mg·L^{-1}）	0.002
硼/（mg·L^{-1}）	0.5
钼/（mg·L^{-1}）	0.07
镍/（mg·L^{-1}）	0.02
银/（mg·L^{-1}）	0.05
铊/（mg·L^{-1}）	0.000 1
氯化氰（以 CN$^-$ 计，mg/L）	0.07
一氯二溴甲烷/（mg·L^{-1}）	0.1
二氯一溴甲烷/（mg·L^{-1}）	0.06
二氯乙酸/（mg·L^{-1}）	0.05
1,2-二氯乙烷/（mg·L^{-1}）	0.03
二氯甲烷/（mg·L^{-1}）	0.02

续表

指 标	限 值
三卤甲烷(三氯甲烷、一氯二溴甲烷、二氯一溴甲烷、三溴甲烷的总和)	该类化合物中各种化合物的实测浓度与其各自限值的比值之和不超过1
1,1,1-三氯乙烷/(mg·L⁻¹)	2
三氯乙酸/(mg·L⁻¹)	0.1
三氯乙醛/(mg·L⁻¹)	0.01
2,4,6-三氯酚/(mg·L⁻¹)	0.2
三溴甲烷/(mg·L⁻¹)	0.1
七氯/(mg·L⁻¹)	0.000 4
马拉硫磷/(mg·L⁻¹)	0.25
五氯酚/(mg·L⁻¹)	0.009
六六六(总量,mg/L)	0.005
六氯苯/(mg·L⁻¹)	0.001
乐果/(mg·L⁻¹)	0.08
对硫磷/(mg·L⁻¹)	0.003
灭草松/(mg·L⁻¹)	0.3
甲基对硫磷/(mg·L⁻¹)	0.02
百菌清/(mg·L⁻¹)	0.01
呋喃丹/(mg·L⁻¹)	0.007
林丹/(mg·L⁻¹)	0.002
毒死蜱/(mg·L⁻¹)	0.03
草甘膦/(mg·L⁻¹)	0.7
敌敌畏/(mg·L⁻¹)	0.001
莠去津/(mg·L⁻¹)	0.002
溴氰菊酯/(mg·L⁻¹)	0.02
2,4-滴/(mg·L⁻¹)	0.03
滴滴涕/(mg·L⁻¹)	0.001
乙苯/(mg·L⁻¹)	0.3
二甲苯/(mg·L⁻¹)	0.5
1,1-二氯乙烯/(mg·L⁻¹)	0.03

续表

指 标	限 值
1,2-二氯乙烯/(mg·L^{-1})	0.05
1,2-二氯苯/(mg·L^{-1})	1
1,4-二氯苯/(mg·L^{-1})	0.3
三氯乙烯/(mg·L^{-1})	0.07
三氯苯(总量,mg/L)	0.02
六氯丁二烯/(mg·L^{-1})	0.000 6
丙烯酰胺/(mg·L^{-1})	0.000 5
四氯乙烯/(mg·L^{-1})	0.04
甲苯/(mg·L^{-1})	0.7
邻苯二甲酸二(2-乙基己基)酯/(mg·L^{-1})	0.008
环氧氯丙烷/(mg·L^{-1})	0.000 4
苯/(mg·L^{-1})	0.01
苯乙烯/(mg·L^{-1})	0.02
苯并(a)芘/(mg·L^{-1})	0.000 01
氯乙烯/(mg·L^{-1})	0.005
氯苯/(mg·L^{-1})	0.3
微囊藻毒素-LR/(mg·L^{-1})	0.001
3.感官性状和一般化学指标	
氨氮(以N计,mg/L)	0.5
硫化物/(mg·L^{-1})	0.02
钠/(mg·L^{-1})	200

附表4.4　农村小型集中式供水和分散式供水部分水质指标及限值

指 标	限 值
1.微生物指标	
菌落总数/(CFU·mL^{-1})	500
2.毒理指标	
砷/(mg·L^{-1})	0.05
氟化物/(mg·L^{-1})	1.2

续表

指　标	限　值
硝酸盐(以 N 计,mg/L)	20
3.感官性状和一般化学指标	
色度(铂钴色度单位)	20
浑浊度(NTU-散射浊度单位)	3 水源与净水技术条件限制时为 5
pH(pH 单位)	不小于 6.5 且不大于 9.5
溶解性总固体/$(mg \cdot L^{-1})$	1 500
总硬度(以 $CaCO_3$ 计,mg/L)	550
耗氧量(COD_{Mn}法,以 O_2 计,mg/L)	5
铁/$(mg \cdot L^{-1})$	0.5
锰/$(mg \cdot L^{-1})$	0.3
氯化物/$(mg \cdot L^{-1})$	300
硫酸盐/$(mg \cdot L^{-1})$	300

附录5　地表水环境质量标准(GB 3838—2002)

附表5.1　地表水环境质量标准基本项目标准限值　　　　单位：mg/L

序号	分类 标准值 项目	Ⅰ类	Ⅱ类	Ⅲ类	Ⅳ类	Ⅴ类
1	水温/℃	人为造成的环境水温变化应限制在： 周平均最大温升≤1 周平均最大温降≤2				
2	pH 值(无量纲)	6～9				
3	溶解氧≥	饱和率90% (或7.5)	6	5	3	2
4	高锰酸盐指数≤	2	4	6	10	15
5	化学需氧量(COD)≤	15	15	20	30	40

续表

序号	分类 标准值 项目	I类	II类	III类	IV类	V类
6	五日生化需氧量(BOD$_5$)≤	3	3	4	6	10
7	氨氮(NH$_3$-N)≤	0.15	0.5	1.0	1.5	2.0
8	总磷(以P计)≤	0.02 (湖、库0.01)	0.1 (湖、库0.025)	0.2 (湖、库0.05)	0.3 (湖、库0.1)	0.4 (湖、库0.2)
9	总氮(湖、库,以N计)≤	0.2	0.5	1.0	105	2.0
10	铜≤	0.01	1.0	1.0	1.0	1.0
11	锌≤	0.05	1.0	1.0	2.0	2.0
12	氟化物(以F-计)≤.	1.0	1.0	1.0	1.5	1.5
13	硒≤	0.01	0.01	0.01	0.02	0.02
14	砷≤	0.05	0.05	0.05	0.1	0.1
15	汞≤	0.000 05	0.000 05	0.000 1	0.001	0.001
16	镉≤	0.001	0.005	0.005	0.005	0.01
17	铬(六价)≤	0.01	0.05	0.05	0.05	0.1
18	铅≤	0.01	0.01	0.05	0.05	0.1
19	氰化物≤	0.005	0.05	0.2	0.2	0.2
20	挥发酚≤	0.002	0.002	0.005	0.01	0.1
21	石油类≤	0.05	0.05	0.05	0.5	1.0
22	阴离子表面活性剂≤	0.2	0.2	0.2	0.3	0.3
23	硫化物≤	0.05	0.1	0.2	0.5	1.0
24	粪大肠菌群(个/L)≤	200	2 000	10 000	20 000	40 000

附表5.2 集中式生活饮用水地表水源地补充项目标准限值 单位：mg/L

序号	项目	标准值
1	硫酸盐(以SO$_4^{2-}$计)	250
2	氯化物(以Cl$^-$计)	250
3	硝酸盐(以N计)	10
4	铁	0.3
5	锰	0.1

附表5.3　集中式生活饮用水地表水源地特定项目标准限值　　单位：mg/L

序号	项目	标准值	序号	项目	标准值
1	三氯甲烷	0.06	30	硝基苯	0.017
2	四氯化碳	0.002	31	二硝基苯④	0.5
3	三溴甲烷	0.1	32	2,4-二硝基甲苯	0.000 3
4	二氯甲烷	0.02	33	2,4,6-三硝基甲苯	0.5
5	1,2-二氯乙烷	0.03	34	硝基氯苯⑤	0.05
6	环氧氯丙烷	0.02	35	2,4-二硝基氯苯	0.5
7	氯乙烯	0.005	36	2,4-二氯苯酚	0.093
8	1,1-二氯乙烯	0.03	37	2,4,6-三氯苯酚	0.2
9	1,2-二氯乙烯	0.05	38	五氯酚	0.009
10	三氯乙烯	0.07	39	苯胺	0.1
11	四氯乙烯	0.04	40	联苯胺	0.000 2
12	氯丁二烯	0.002	41	丙烯酰胺	0.000 5
13	六氯丁二烯	0.000 6	42	丙烯腈	0.1
14	苯乙烯	0.02	43	邻苯二甲酸二丁酯	0.003
15	甲醛	0.9	44	邻苯二甲酸二(2-乙基己基)酯	0.008
16	乙醛	0.05	45	水合肼	0.01
17	丙烯醛	0.1	46	四乙基铅	0.000 1
18	三氯乙醛	0.01	47	吡啶	0.2
19	苯	0.01	48	松节油	0.2
20	甲苯	0.7	49	苦味酸	0.5
21	乙苯	0.3	50	丁基黄原酸	0.005
22	二甲苯①	0.5	51	活性氯	0.01
23	异丙苯	0.25	52	滴滴涕	0.001
24	氯苯	0.3	53	林丹	0.002
25	1,2-二氯苯	1.0	54	环氧七氯	0.000 2
26	1,4-二氯苯	0.3	55	对硫磷	0.003
27	三氯苯②	0.02	56	甲基对硫磷	0.002
28	四氯苯③	0.02	57	马拉硫磷	0.05
29	六氯苯	0.05	58	乐果	0.08

续表

序号	项 目	标准值	序号	项 目	标准值
59	敌敌畏	0.05	70	黄磷	0.003
60	敌百虫	0.05	71	钼	0.07
61	内吸磷	0.03	72	钴	1.0
62	百菌清	0.01	73	铍	0.002
63	甲萘威	0.05	74	硼	0.5
64	溴氰菊酯	0.02	75	锑	0.005
65	阿特拉津	0.003	76	镍	0.02
66	苯并(a)芘	2.8×10^{-6}	77	钡	0.7
67	甲基汞	1.0×10^{-6}	78	钒	0.05
68	多氯联苯⑥	2.0×10^{-6}	79	钛	0.1
69	微囊藻毒素-LR	0.001	80	铊	0.000 1

注:①二甲苯:指对-二甲苯、间-二甲苯、邻-二甲苯。

②三氯苯:指1,2,3-三氯苯、1,2,4-三氯苯、1,3,5-三氯苯。

③四氯苯:指1,2,3,4-四氯苯、1,2,3,5-四氯苯、1,2,4,5-四氯苯。

④二硝基苯:指对-二硝基苯、间-二硝基苯、邻-二硝基苯。

⑤硝基氯苯:指对-硝基氯苯、间-硝基氯苯、邻-硝基氯苯。

⑥多氯联苯:指 PCB-1016,PCB-1221,PCB1232,PCB1242,PCB-1248,PCB-1254,PCB-1260。

附录6 环境空气质量标准(GB 3095—2012)

附表6.1 环境空气污染物基本项目浓度限值

序号	污染项目	平均时间	浓度限值		单 位
			一级	二级	
1	二氧化硫(SO_2)	年平均	20	60	$\mu g/m^3$
		24 小时平均	50	150	
		1 小时平均	150	500	
2	二氧化氮(NO_2)	年平均	40	40	
		24 小时平均	80	80	
		1 小时平均	200	200	

续表

序号	污染项目	平均时间	浓度限值		单 位
			一级	二级	
3	一氧化碳(CO)	24 小时平均	4	4	mg/m³
		1 小时平均	10	10	
4	臭氧(O₃)	日最大 8 小时平均	100	160	μg/m³
		1 小时平均	160	200	
5	颗粒物(粒径小于等于 10 μm)	年平均	40	70	
		24 小时平均	50	150	
6	颗粒物(粒径小于等于 2.5 μm)	年平均	15	35	
		24 小时平均	35	75	

附表6.2 环境空气污染物其他项目浓度限值

序号	污染项目	平均时间	浓度限值		单 位
			一级	二级	
1	总悬浮颗粒(TSP)	年平均	80	200	μg/m³
		24 小时平均	120	300	
2	氮氧化物(NOₓ)	年平均	50	50	
		24 小时平均	100	100	
		1 小时平均	250	250	
3	铅(Pb)	年平均	0.5	0.5	
		季平均	1	1	
4	苯并[a]芘(BaP)	年平均	0.001	0.001	
		24 小时平均	0.002 5	0.002 5	

附表 6.3 环境空气中镉、汞、砷、六价铬和氟化物参考浓度限值

序号	污染项目	平均时间	浓度限值		单 位
			一级	二级	
1	镉(Cd)	年平均	0.005	0.005	μg/m³
2	汞(Hg)	年平均	0.05	0.05	
3	砷(As)	年平均	0.006	0.006	
4	六价铬[Cr(Ⅵ)]	年平均	0.000 025	0.000 025	
5	氟化物(F)	1 小时平均	20[①]	20[①]	
		24 小时平均	7[①]	7[①]	
		月平均	1.8[②]	3.0[③]	μg/(dm³·d)
		植物生长季平均	1.2[②]	2.0[③]	

注:①适用于城市地区;
　　②适用于牧业区和以牧业为主半牧区蚕桑区;
　　③适用于农业和林牧业。

附录 7　室内空气质量标准(GB/T 18883—2002)

序号	参数类别	参　数	单　位	标准值	备　注
1	物理性	温度	℃	22~28	夏季空调
				16~24	冬季取暖
2		相对湿度	%	40~80	夏季空调
				30~60	冬季取暖
3		空气流速	m/s	0.3	夏季空调
				0.2	冬季取暖
4		新风量	m³/(h·人)	30[a]	

续表

序号	参数类别	参数	单位	标准值	备注
5	化学性	二氧化硫 SO_2	mg/m^3	0.5	1 小时均值
6		二氧化氮 NO_2	mg/m^3	0.24	1 小时均值
7		一氧化碳 CO	mg/m^3	10	1 小时均值
8		二氧化碳 CO_2	mg/m^3	0.1	日均值
9		氨 NH_3	mg/m^3	0.2	1 小时均值
10		臭氧 O_3	mg/m^3	0.16	1 小时均值
11		甲醛 HCHO	mg/m^3	0.1	1 小时均值
12		苯 C_6H_6	mg/m^3	0.11	1 小时均值
13		甲苯 C_7H_8	mg/m^3	0.2	1 小时均值
14		二甲苯 C_8H_{10}	mg/m^3	0.2	1 小时均值
15		苯并[a]芘 B(a)P	mg/m^3	1.0	日均值
16		可吸入颗粒物 PM_{10}	mg/m^3	0.15	日均值
17		总挥发性有机物 TVOC	mg/m^3	0.6	8 小时均值
18	生物性	菌落总数	cfu/m^3	2 500	依据仪器
19	放射性	氡^{222}Rn	Bq/m^3	400	年平均值 (行动水平[b])

注:a. 新风量要求≥标准值,除温度、相对湿度外的其他参数要求≤标准值;b. 达到此水平建议采取干预行动以降低室内
氡浓度。

附录8　生活垃圾填埋场污染控制标准
——浸出液污染物浓度限值(GB 16889—2008)

序号	污染物项目	浓度限值/$(mg \cdot L^{-1})$
1	汞	0.05
2	铜	40
3	锌	100
4	铅	0.25
5	镉	0.15

续表

序号	污染物项目	浓度限值/(mg·L^{-1})
6	铍	0.02
7	钡	25
8	镍	0.5
9	砷	0.3
10	总铬	4.5
11	六价铬	1.5
12	硒	0.1

附录9　中国危险废物浸出毒性鉴别标准(GB 5085.3—2007)

序号	项　目	浸出液的最高允许浓度/(mg·L^{-1})
1	有机汞	不得检出
2	镉及其化合物	0.3(以总 Cd 计)
3	砷及其无机化合物	1.5(以总 As 计)
4	六价铬化合物	1.5(以 Cr^{6+}计)
5	铅及其无机化合物	3.0(以总 Pb 计)
6	铜及其化合物	50(以总 Cu 计)
7	锌及其化合物	50(以总 Zn 计)
8	镍及其化合物	25(以总 Ni 计)
9	铍及其化合物	0.1(以总 Be 计)
10	氟化物(不含氟化钙)	50(以总 F 计)
11	钡及其化合物	100(以总 Ba 计)
12	氰化物	1.0(以 CN$^-$计)
13	铬及其化合物	10(以总 Cr 计)
14	汞及其无机化合物	0.05(以总 Hg 计)

附录10　城市区域环境噪声标准（GB 3096—2008）（摘录）

类　别	昼间/dB	夜间/dB
0 类	50	40
1 类	55	45
2 类	60	50
3 类	65	55
4a 类	70	55
4b 类	70	60

附录11　分析实验室用水规格和试验方法（GB/T 6682—2008）

1. 范围

本标准规定了分析实验室用水的级别、规格、取样及储存、试验方法和试验报告。本标准适用于化学分析和无机衡量分析等试验用水。可根据实际工作需要选用不同级别的水。

2. 规范引用文件

下面文件中的条款通过本标准的引用而成为本标准的条款。凡是注明日期的引用文件，其随后所用的修改单（不包括勘误的内容）或修改版均不适用于本标准。然而，鼓励根据本标准达成协议的各方研究是否可使用这些文件的最新版本。凡是不注日期的引用文件，其最新版适用于本标准。

GB/T 601　化学试剂　标准滴定溶液的制备

GB/T 602　化学试剂　杂质测定用标准溶液的制备（GB/T 602—2002, ISO 6353—1:1982, NEQ）

GB/T 603　化学试剂　试验方法中所用制剂及制品的制备（GB/T 603—2002, ISO 6353—1:1982, NEQ）

GB/T 9721　化学试剂　分子吸收分光光度法通则（紫外和可见光部分）

GB/T 9724　化学试剂　pH 值测定通则（GB/T 9724—2007, ISO 6353—1:1982, NEQ）

GB/T 9740　化学试剂　蒸发残留测定通用方法（GB/T 9740—2008, ISO 6353—1:1982, NEQ）

3. 外观

分析实验室用水目视外观应为无色透明液体。

4. 级别

分析实验室用水的原水应为饮用水或适当纯度的水。

分析实验室用水共分为 3 个级别：一级水、二级水和三级水。

4.1　一级水

一级水用于有严格要求的分析试验，包括对颗粒有要求的试验。如高效液相色谱分析用水。一级水可用二级水经过石英设备蒸馏或交换混床处理后，再经 0.2 μm 微孔滤膜过滤来制取。

4.2　二级水

二级水用于无机衡量分析等试验，如原子吸收光谱分析用水。二级水可用多次蒸馏或离子交换等方法制取。

4.3　三级水

三级水用于一般化学分析试验，三级水可用蒸馏或离子交换等方法制取。

5. 规格

分析实验室用水应符合附表 11.1 所列规格。

附表 11.1　实验室用水规格

名　称		一　级	二　级	三　级
pH 值范围(25 ℃)		—	—	5.0~7.0
电导率(25 ℃)ms/m	≤	0.01	0.10	0.50
可氧化物质[以 O 计],mg/L	<	—	0.08	0.4
吸光度(254 nm,1 cm 光程)	≤	0.01	0.01	—
蒸发残渣[(105±2)℃],mg/L	≤	—	1.0	2.0
可溶性硅[以(SiO$_2$)计],mg/L		0.01	0.02	—

注：①由于在一级水、二级水的纯度下，难于测定其真实的 pH 值，因此，对一级水、二级水的 pH 值范围不作规定。

②一级水、二级水的电导率需用新制备的水"在线"测定。

③由于在一级水的纯度下，难于测定可氧化物质和蒸发残渣，对其限量不作规定。可用其他条件和制备方法来保证一级水的质量。

6. 取样及储存

6.1　容器

**6.1.1　**各级用水均使用密闭的、专用聚乙烯容器。三级水也可使用密闭、专用的玻璃容器。

**6.1.2　**新容器在使用前需用盐酸溶液（质量分数为 20%）浸泡 2~3 d，再用待测水反复冲洗，并注满待测水浸泡 6 h 以上。

6.2　取样

按本标准进行试验，至少应取 3 L 有代表性的水样。取样前用待测水反复清洗容器，取样时要避免沾污。水样应注满容器。

6.3 储存

各级水在储存期间,其沾污的主要来源是容器可溶成分的溶解、空气中的二氧化碳和其他杂质。因此,一级水不可储存,使用前备制。二级水、三级水可适量制备,分别储存在预先经同级水清洗过的相应容器中。各级用水在运输过程中应避免沾污。

7. 试验方法

在试验方法中,各项试验必须在洁净环境中进行,并采用适当措施避免试样的沾污。水样均按精确至 0.1 mL 量取,所用溶液以"%"表示的均为质量分数。试验中均使用分析纯试剂和相应级别的水。

7.1 pH 值

量取 100 mL 水样,按 GB/T 9724 的规定测定。

7.2 电导率

7.2.1 仪器

7.2.1.1 用于一、二级水测定的电导仪,配备电极常数为 0.01 ~ 0.1 cm 的"在线"电导池。并具有温度自动补偿功能。若电导仪不具备温度补偿功能,可装"在线"热交换器,使测定时水温控制在(25 ±1)℃。或记录水温度,按附录 C 进行换算。

7.2.1.2 用于三级水测定的电导仪,配备电极常数为 0.1 ~ 1 cm 的"在线"电导池。并具有温度自动补偿功能。若电导仪不具温度补偿功能,可装"在线"热交换器,使待测水样温度控制在(25 ±1)℃。或记录水温度,按附录 C 进行换算。

7.2.2 测定步骤

a.按电导仪说明书安装调试仪器。

b.一、二级水的测量,将电导池装在水处理装置流动出水口处,调节水流速,赶净管道及电导池内的气泡,即可进行测量。

c.三级水的测量,取 400 mL 水样于锥形瓶中,插入电导池后即可进行测量。

7.2.3 注意事项

测量用的电导仪和电导池应定期进行检定。

7.3 可氧化物质

7.3.1 制剂的制备

7.3.1.1 硫酸溶液(20%)按 GB/T 603 的规定配制。

7.3.1.2 高锰酸钾标准滴定溶液[$c(1/5KMnO_4) = 0.01$ mol/L] 按 GB/T 601 的规定配制。

7.3.2 测定步骤

量取 1 000 mL 二级水,注入烧杯中,加入 5.0 mL 硫酸溶液(20%)混匀。

量取 200 mL 三级水,注入烧杯中,加入 1.0 mL 硫酸溶液(20%)混匀。

在上述已酸化的试液中,分别加入 1.00 mL 高锰酸钾标准滴定溶液。[$c(1/5KMnO_4) = 0.01$ mol/L],混匀,盖上表面皿,加热至沸腾并保持 5 min。溶液的粉红色不得完全消失。

7.4 吸光度

按 GB/T 9721 的规定测定。

7.4.1　仪器条件

石英吸收池,厚度 1 cm 和 2 cm。

7.4.2　测定步骤

将水样分别注入 1 cm 及 2 cm 吸收池中,于 254 nm 处,以 1 cm 吸收池中水样为参比,测定 2 cm 吸收池中水样的吸光度。若仪器的灵敏度不够时,可适当增加测量吸收池的厚度。

7.5　蒸发残渣

7.5.1　仪器

7.5.1.1　旋转蒸发器,配备 500 mL 蒸馏瓶。

7.5.1.2　恒温水浴。

7.5.1.3　蒸发皿,材质可选用铂、石英、硼硅玻璃。

7.5.1.4　电烘箱,温度可控制在(105 ±2)℃。

7.5.2　测定步骤

7.5.2.1　水样预浓缩

量取 1 000 mL 二级水(三级水取 500 mL)。将水样分几次加入旋转蒸发器的蒸馏瓶中,于水浴上减压蒸发,避免蒸干。待水样最后蒸至约 50 mL 时,停止加热。

7.5.2.2　测定

将上述浓集的水样,转移至一个已于(105 ±2)℃恒量的蒸发皿中,并用 5 ~ 10 mL 水样分 2 ~ 3 次冲洗蒸馏瓶,将洗液与预浓集水样合并于蒸发皿中,按 GB/T 9740 的规定测定。

7.6　可溶性硅

7.6.1　制剂的制备

7.6.1.1　二氧化硅标准溶液(1 mg/mL),按 GB/T 602 的规定配制。

7.6.1.2　二氧化硅标准溶液(0.01 mg/mL)

量取 1.00 mL 二氧化硅标准溶液(1 mg/mL)于 100 mL 容量瓶中,稀释至刻度摇匀。转移至聚乙烯瓶中,临用前配制。

7.6.1.3　钼酸铵溶液(50 g/L)

称取 5.0 g 钼酸铵[(NH$_4$)$_6$Mo$_7$O$_{24}$·4H$_2$O],溶于水,加 20.0 mL 硫酸溶液(20%)稀释至 100 mL,摇匀。储存于聚乙烯瓶中。若发现有沉淀时应重新配制。

7.6.1.4　对甲氨基酚硫酸盐(米吐尔)溶液(2 g/L)

称取 0.20 g 对甲氨基酚硫酸盐,溶于水,加 20.0 g 偏重亚硫酸钠(焦亚硫酸钠)溶解并稀释至 100 mL,摇匀。储存于聚乙烯瓶中。避光保存,有效期两周。

7.6.1.5　硫酸溶液(20%)

按 GB/T 603 的规定配制。

7.6.1.6　草酸溶液(50 g/L)

称取 5.0 g 草酸,溶于水,并稀释至 100 mL。储存于聚乙烯瓶中。

7.6.2　仪器

7.6.2.1　铂皿,容量为 250 mL。

7.6.2.2　比色管,容量为 50 mL。

7.6.2.3　水浴,可控制恒温为约 60 ℃。

7.6.3　测定步骤

量取 520 mL 一级水(二级水取 270 mL)注入铂皿中,在防尘条件下,亚沸腾至约 20 mL,停止加热,冷却至室温,加 1.0 mL 钼酸铵溶液(50 g/L)摇匀。放置 5 min 后,加 1.0 mL 草酸溶液(50 g/L)摇匀,放置 1 min 后,加 1.0 mL 对甲氨基酚硫酸盐溶液(2 g/L)摇匀。移入比色管中,稀释至 25 mL,摇匀,于 60 ℃水浴中保温 10 min。溶液所呈蓝色不得深于标准比色溶液。标准比色溶液的制备是取 0.50 mL 二氧化硅标准溶液(0.01 mg/mL),用水样稀释至 20 mL后,与同体积试液同时同样处理。

8.试验报告

试验报告应包含下列内容:

①样品的确定;

②参考采用的方法;

③结果及表述方法;

④测定中异常现象的说明;

⑤不包括在本标准中的任意操作。

附录 A　资料性附录

本标准章条编号与 ISO 3696:1987 章条编号对照

省略……

附录 B　资料性附录

本标准与 ISO 3696:1987 技术性差异及原因

省略……

附录 C　规范性附录

电导率的换算公式

省略……

参考文献

[1] 付新梅,杨秀政,黄云碧. 环境监测设计实验[M]. 北京:科学出版社,2014.

[2] 孙成. 环境监测实验[M]. 北京:科学出版社,2010.

[3] 孙福生,张丽君,等. 环境监测实验[M]. 北京:化学工业出版社,2007.

[4] 奚旦立,孙裕生. 环境监测[M]. 4版. 北京:高等教育出版社,2010.

[5] 王凯雄,童裳伦. 环境监测[M]. 北京:化学工业出版社,2011.

[6] 孙福生. 环境监测[M]. 北京:化学工业出版社,2007.

[7] 李广超. 环境监测[M]. 北京:化学工业出版社,2010.

[8] 王怀宇. 环境监测[M]. 北京:科学出版社,2011.

[9] 刘玉婷. 环境监测实验[M]. 北京:化学工业出版社,2007.

[10] 陈穗玲,李锦文,曹小安. 环境监测实验[M]. 广州:暨南大学出版社,2010.

[11] 高艳阳,董培荣,王金霞. 对设计性实验的认识与思考[J]. 实验技术与管理,2003,20(6).

[12] 谷亚昕,胡涛,许干. 综合性实验教学探索与实践[J]. 广西轻工业,2007(11).

[13] 聂麦茜,等. 环境监测与分析实践教程[M]. 北京:化学工业出版社,2003.